KB098703

살둔마을 사계절 꽃차이야기

꽃차의 탄생

이혜정 지음

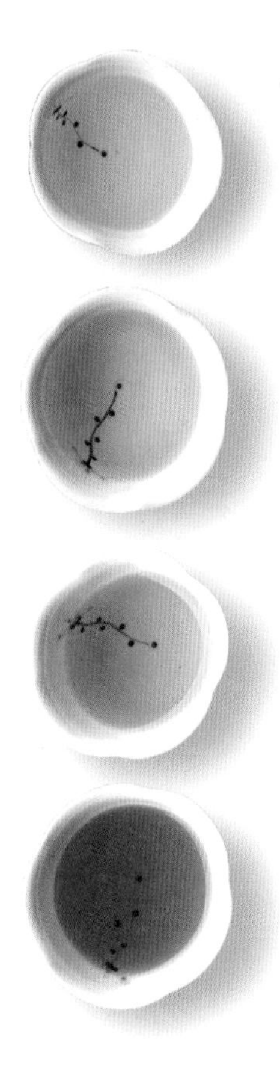

책을 내며

오지에서 다시 피우는 꽃

파란 하늘에 뭉게구름이 꽃처럼 피어납니다.
구름은 하늘이 피워 준 순수의 꽃
꽃구름 아래에서
꽃으로 살아가려는 몸짓입니다.

세상을 등지 듯 도시를 떠나
옛 이야기 속의 화전민처럼 살아가는 날들입니다.

지천인 야생화가 피어나면
마음부터 바빠져서
바구니부터 챙기는 게 버릇입니다.
식물도감에서나 보았던 꽃을 만나는 일은
늘 설레는 일입니다.

꽃 이름을 떠올리며 상상했던 향기는
간혹 상상을 넘어서는 아름다움이라서
꽃을 다루는 일에 해가 지는 줄 모릅니다.
꽃의 매력을 알아가는 만큼
꽃차살이 내 마음에도
꽃으로 피어나는 느낌입니다.

계절이 피워내는 꽃마다
꽃의 일생을 향기로 저장합니다.
귀촌생활이 꽃으로 다시 피어납니다.

차례

제2장

어릴 적 산에서 들에서 따먹던
여름꽃을 활용한 꽃차 만들기

제3장

씨를 받아 심었던

가을꽃을 활용한 꽃차 만들기

제4장

꽃잎 떨어지고 만나는 또 다른 세상

잎차·약차 만들기

꽃차 만들기 용어

1. **증제**蒸製 : 증기를 이용하여 찌는 것을 말합니다. 꽃을 살균하고 차 맛이 잘 우러나게 합니다.
2. **유념**揉捻 : 찻잎을 면 보자기에 싸서 멍석에 비비는 과정을 말합니다. 향과 맛이 잘 우러나서 차의 질감을 높여줍니다.
3. **덖기** : 꽃이나 잎 자체의 수분에 열을 가하여 타지 않게 볶는 것을 말합니다. 꽃잎의 색이 선명해지고 풍미를 높여 줍니다.
4. **법제** : 재료의 성질을 정해진 방법대로 손질하는 것을 말합니다. 재료의 독성을 줄이거나 성질을 완화시킵니다.
5. **재우기** : 저온에서 뚜껑을 열고 잔여수분을 없애는 것을 말합니다. 이를 통해 꽃잎과 찻잎 성분을 숙성시킵니다.
6. **수분 확인** : 팬 뚜껑을 덮어 뚜껑에 김이 서리면 건조가 덜된 상태이므로 다시 재우기합니다.
7. **향매김** : 꽃차를 만드는 마지막 과정으로 팬 뚜껑을 덮어 저온에서 일정시간 유지하면서 꽃잎의 향을 가두는 과정을 말합니다.
8. **저온** : 온도 조절기를 돌려 똑소리 나며 불이 들어오는 온도(60~80도). 꽃차 1차 건조 및 재우기, 향매김 온도.
9. **꽃차 덖음 온도** : 온도 조절기 화살표 끝점 (160~180도).
10. **잎차 덖음 온도** : 온도조절기 1~2 (200~240도).

■ 팬 특성에 따라 온도 차이가 있으므로 사용 전 확인 바랍니다.

꽃차 만드는데 쓰는 도구

1. **전기팬**- 온도 조절이 가능합니다. 사이즈가 크고 찜기와 유리 뚜껑이 있는 것이 좋습니다.
2. **면 보자기**- 순면으로 만든 보자기를 사용합니다.
3. **한지**- 화학 성분이 섞이지 않은 재료로 만든 것을 사용합니다.
4. **꽃차용 집게**- 꽃잎을 집을 때 꽃잎이 상하지 않게 얇은 재질로 된 대나무집게를 사용합니다.
5. **가위**- 꽃을 채취하고 손질할 때 사용합니다.
6. **면장갑**- 찻잎을 덖을 때 사용하며 끓는 물에 삶아 소독하여 사용합니다.
7. **멍석**- 표면에 굴곡이 있어 꽃잎과 찻잎을 유념할 때 사용합니다.
8. **종이주걱**- 꽃차를 팬에서 직접 덖을 때 꽃잎이 부스러지지 않게 한지를 여러 겹 풀칠하여 만들어 사용합니다.
9. **유리병**- 꽃차 보관 용기로 밀폐 가능한 유리병을 사용합니다.

꽃차 마시는 법과 보관법

1. 200ml 용량 기준에 꽃 2~3송이(1티스푼)을 준비합니다.
   (목련처럼 큰꽃은 1송이로도 충분합니다)
2. 다관에 꽃차를 넣어 끓인 물을 붓고 첫물은 따라버립니다.
3. 다시 뜨거운 물을 붓고 2~3분 우린 후 바로 드시거나 숙우熟盂(끓인 물을 식히는 사발)에 따라놓습니다.
4. 꽃차는 3~4회까지 우려서 드실 수 있습니다.
5. 기호에 따라 꽃잎과 찻잎의 양, 우리는 시간을 조절합니다.
6. 꽃차 본연의 맛과 향과 색이 담겨있는 신선한 차를 즐기려면 우려서 바로 마시는 것을 권장합니다.
7. 꽃차 보관은 습기와 빛에 취약하므로 밀봉하여 서늘하고 건조한 곳에 보관합니다.

■ 특이체질이거나 꽃가루 알레르기가 있으면 꽃차의 특성을 확인하고 체질에 맞게 드십시오.

꽃차의 효능에 쓰는 말뜻

1. **강심**強心- 심장의 기운을 강하게 함.
2. **거담**去痰- 가래를 없애줌.
3. **건위**健胃- 위의 소화기능을 튼튼하게 함.
4. **소염**消炎- 염증을 없앰.
5. **소종**消腫- 부은 종기나 상처를 치료함.
6. **수종**水腫- 몸이 붓는 병.
7. **이질**痢疾- 세균성 전염병으로 설사, 발열, 구토 증세가 있음.
8. **지사**止瀉- 설사를 멎게 하고 치료함.
9. **진해**鎭咳- 기침을 그치게 함.
10. **창상**創傷- 칼, 창 등에 다친 상처.
11. **치풍**治風- 풍기風氣를 다스림.
12. **토혈**吐血- 피를 토하는 병증.
13. **혈리**血痢- 피가 섞인 대변.
14. **혈전**血栓- 혈관에 피가 굳어서 된 조그마한 핏덩이.
15. **화담**火痰- 열담熱痰이라고도 한다. 담이 있는 데다 열이 몰려 생기는 증세.
16. **통경** ① **통경**通經 월경을 원활하게 함.

    ② **통경**痛經 월경 기간 전후에 하복부와 허리에 생기는 통증.

제1장

뒷산에 처음 올라
봄꽃을 활용한 꽃차 만들기

생강나무꽃차·진달래꽃차·살구꽃차·목련꽃차·산벚나무꽃차
귀룽나무(귀중목)꽃차·자두꽃차·조팝나무꽃차·아그배나무꽃차
병꽃나무꽃차·함박(작약)꽃차·아까시나무(아카시나무)꽃차
불두화차·산목련(함박꽃나무)꽃차

손톱도 손가락도 아려오는

생강나무꽃차

차를 좋아해 호號가 다산茶山인 정약용 선생과 다형茶兄인 김현승 시인.
꽃과 차를 좋아해 꽃차살이하는 나는 꽃다시花茶詩 이혜정.
통증도 꽃차로 다스려 보렵니다.

이른 봄 산에서 노랗게 꽃이 피는 생강나무는 잎과 꽃에서 알싸한 생강향이 나서 생강나무라고 부릅니다. 김유정의 「동백꽃」에서 "한창 피어 퍼드러진 노란 동백꽃 속으로 폭 파묻혀 버렸다. 알싸한 그리고 향긋한 그 냄새"가 난다고 했던 동백이 생강나무입니다. 키 큰 나무들 틈에서 햇살 받으며 살아남으려면 서둘러 꽃을 피워야 합니다. 부지런을 떨어가며 피운 꽃입니다. 아직 겨울의 찬 기운이 물러나지 않았지만 산기슭에서 생강나무가 부르는 손짓에 반가운 걸음을 내딛습니다. 들뜬 마음으로 뒷산에 생강나무꽃을 따라 높은 곳까지 처음으로 올라갔더니 다리가 뻐근합니다. 잘라온 가지를 손으로 따고 가위질을 하다 보니 손톱도 손가락도 조금씩 아려옵니다. 생강나무꽃차가 타박상을 치료하고 근육통, 어혈을 풀어준다고 하니 빨리 만들어 아린 통증을 생강나무꽃차의 매콤한 맛으로 얼러보렵니다.

차를 좋아해 호號가 다산茶山인 정약용 선생과 다형茶兄인 김현승 시인. 꽃과 차를 좋아해 꽃차살이하는 나는 꽃다시花茶詩 이혜정. 통증도 꽃차로 다스려 보렵니다.

● 생강나무꽃차는 간염, 간경화, 위통, 산후통, 두통, 근육통, 타박상, 삔 데, 어혈, 골다공증, 기침, 감기, 오한, 전신통 치료와 혈액 순환 개선, 해열작용에 효과가 있습니다.

만드는 법

1. 꽃술이 피기 전에 채취하며 한 송이씩 가위로 잘라 다듬어 준비합니다.
2. 팬 위에서 한지나 면 보자기를 깔고 저온에서 꽃을 펼쳐놓습니다
3. 한지나 면 보자기를 들썩여 골고루 건조시킵니다.
4. 온도를 올려 종이 주걱을 이용하여 팬에서 직접 덖거나 한지를 흔들며 덖음과 식힘을 3~5회 반복합니다.
5. 재워서 잔여수분을 완전히 제거합니다.
6. 수분 유무 확인한 후 향매김합니다.
7. 밀폐용기에 담아 그늘에 보관합니다.

몇 번이나 망설이는

진달래꽃차

무엇이 이다지도 살가워 꽃잎처럼 포개져 떨어지지 못하는 걸까요?

진달래꽃차 만들기를 몇 번이나 망설이다 시작합니다. 꽃차를 만들 때면 흥미롭고 신나지만 어떤 꽃은 이리저리 생각만 하고 머뭇거리며 망설이기도 합니다. 진달래꽃이 그렇습니다. 꽃잎이 얇아 두세 시간만 지나도 시들해져 꽃잎끼리 붙어버리기 때문입니다. 꽃잎을 떼다가 나중에는 지쳐서 마무리를 못하고 종종 버리곤 합니다. 죽어도 아니 눈물 흘리겠다는 시구처럼 진달래 꽃차 만들기는 공을 들여야 합니다. 해마다 뒷산 돌무더기 때문에 접근조차 쉽지 않습니다. 남향으로 곱게 뻗은 가지마다 소담스러운 꽃송이가 햇살 받아 더욱 진한 꽃잎으로 인사를 건네니 반갑고 애틋합니다. 올해는 조금만 만들어봅니다. 꽃술을 제거하느라 늦은 밤까지 매달리다 마지막 몇 송이는 그냥 남겼습니다. 온전히 다 돌보지 못한 안타까운 내 마음 같아 빈 병에 물 담아 꽂아 둡니다. 다듬어 꽃차로 탄생할 진달래를 떠올리며 창가에서 짧은 봄날을 즐기려 합니다.

● 진달래는 꽃과 잎, 뿌리, 줄기는 모두 약재로 씁니다. 진달래꽃차는 고혈압, 관절염, 신경통, 담 결림, 감기로 인한 두통, 이뇨작용, 기관지염 치료에 효과가 있습니다.

만드는 법

1. 봉오리나 갓 핀 꽃을 채취하여 꽃술을 제거합니다.
2. 팬에 한지를 깔고 저온에서 얹어놓습니다.
3. 앞면이 마르면 집게를 이용하여 뒤집어서 건조시킵니다.
4. 온도를 올려 한지를 흔들어 덖음과 식힘을 3~5회 반복합니다.
5. 재워서 잔여수분을 완전히 제거합니다.
6. 뚜껑을 덮어 수분 유무 확인한 후 향매김합니다.
7. 밀폐용기에 담아 그늘에 보관합니다.

하루 만에 활짝 핀

살구꽃차

소리도 없이 살구꽃이 터질 듯 한껏 부풀어 올랐습니다.
향긋한 향기에 아늑해집니다.

복숭아꽃 살구꽃 아기 진달래~~

이제 봄이 왔는데 꽃들은 봄날이 갈까봐 지레 앞다퉈 핍니다. 살구꽃을 채취하러 살둔마을 강변길로 나서니 절로 흥겨워 콧노래가 나옵니다. 내린천 상류 개울을 따라 구불구불 이어진 강변길은 언제 걸어도 기분이 좋습니다. 호젓한 길가에 철마다 갖가지 꽃이 피어 소풍가는 어린아이처럼 늘 설렙니다. 응달진 곳에는 아직 얼음이 풀리지 않아 꽃과 얼음이 어우러져 신비롭기도 합니다. 계절과 계절 사이 피어난 살구꽃이 저만치에서 봄 햇살을 가득 안고서 환하게 서 있습니다.

올해는 적기에 살구꽃을 채취할 수 있어 다행입니다. 때맞추어 꽃을 채취할 때면 더없이 신이 납니다. 먼발치에서 보니 아직 꽃빛이 엷어 내일 채취해야지 생각하다가 혹시나 하여 가보았더니 역시나 하루 만에 활짝 피었습니다. 몽실몽실 야들야들, 소리도 없이 살구꽃이 터질 듯 한껏 부풀어 올랐습니다. 살구꽃 향긋한 향기에 아늑해집니다. 서둘러 채취를 합니다. 살구꽃은 채취 시기가 제일 중요하여 목련꽃차 만들기는 뒤로 미루고 살구꽃차를 먼저 만들기로 합니다.

● 살구꽃차는 진해鎭咳, 천식, 신체부종, 인후염, 거담去痰, 기관지염 치료에 효과가 있습니다.

만드는 법

1. 개화 전 봉오리를 가위로 잘라 준비합니다.
2. 팬에 한지를 깔고 저온에서 꽃을 펼쳐놓습니다
3. 한쪽 면이 마르면 한지를 들썩여 골고루 건조시킵니다.
4. 온도를 올려 종이 주걱을 이용하여 팬에서 직접 덖거나 한지를 흔들며 덖음과 식힘을 3~5회 반복합니다.
5. 재워서 잔여수분을 완전히 제거합니다.
6. 뚜껑을 덮어 수분 유무 확인한 후 향매김합니다.
7. 밀폐용기에 담아 그늘에 보관합니다.

홍천에 늦은 봄소식이

목련꽃차

목련꽃을 우리면 찻잔에 살며시 다시 피어나고
찻물을 따르면 목련꽃잎이 바람처럼 흔들립니다.

남쪽 나라 꽃소식이 매일 부럽기만 했는데 홍천에도 목련꽃 소식이 찾아 왔습니다. 꽃이 잎보다 먼저 펴서 봄을 알립니다. 목련의 흰색 꽃잎은 기품이 있습니다. 우리 집 목련나무는 어려서 아직 꽃송이를 많이 맺지 못해 목련꽃 핀 집을 찾아 마을로 나섭니다. 눈이 온 뒤라 걱정 반 설렘 반으로 생강나무 꽃차와 뜨개질 수세미를 준비하여 꽃을 채취하러 나섭니다. 꽃을 채취하러 가는 일은 항상 신이 납니다. 마을이 한 눈에 내려다보이는 윤경이네 집 마당에 목련이 흐드러지게 피어있는 걸 오가며 봐 두었습니다. 꽃차를 만들겠다고 했더니 흔쾌히 목련나무를 통째로 내주었습니다.

집으로 돌아오는 길, 바구니에는 목련꽃에 도라지, 눈개승마, 청국장까지 듬뿍 담긴 정으로 시골 인심이 가득 찼습니다. 청국장찌개와 눈개승마를 데쳐서 초고추장 곁들여 맛있는 점심을 먹고 목련꽃차를 만들기 시작합니다.

나무에 피는 연꽃이라 하여 목련木蓮이라 합니다. 목련꽃을 우리면 찻잔에 목련꽃 본연의 모양으로 살며시 다시 피어납니다. 찻물을 따르면 바람처럼 목련꽃잎이 흔들립니다.

● 목련꽃차는 소염消炎, 코 막힘, 두통, 치통, 코와 관련된 염증, 비염, 축농증 치료와 진통에 효과가 있습니다.

만드는 법

1. 꽃망울이 터지기 전에 채취하여 그늘에 펼쳐놓습니다.
2. 꽃잎이 부드러워지면 겉껍질을 벗기고 꽃잎을 한 장씩 펼쳐줍니다. 열이 있는 손으로 자주 만지면 갈변하므로 주의해야 합니다. 갈변시 면장갑을 끼고 작업합니다.
3. 암술 뾰족한 부분을 자르고 찜기 위에 펼쳐서 올려놓습니다.
4. 한쪽 면이 건조되면 집게를 이용하여 뒤집어서 건조시킵니다.
5. 온도를 올려 한지를 흔들며 덖음과 식힘을 5회 반복합니다.
6. 재워서 잔여수분을 완전히 제거합니다.
7. 뚜껑을 덮어 수분 유무 확인한 후 향매김합니다.
8. 밀폐용기에 담아 그늘에 보관합니다.

산으로 들로 내뻗는

산벚나무꽃차

한낮의 조용한 꽃불놀이. 산들바람 신호를 울리면
일제히 불붙어 흩뿌려지는 순한 꽃불. 그만 황홀해집니다.

산벚, 자두, 앵두, 조팝, 귀룽, 민들레, 분꽃나무, 사과, 배, 금낭화, 산작약이 먼저 핀 것을 시샘하듯 여기저기에서 꽃을 피우기 시작합니다. 봄 축제 개막을 알리는 듯 천지간天地間에 소리 없는 폭죽이 터지고 팡파르가 울려 퍼집니다. 봄꽃은 아름다운 자태로 만천하에 자기의 존재를 드러냅니다. 꽃의 아름다움을 보고 감응感應하는 인간도 모두 축복받은 존재입니다. 꽃바람 든 이가 길을 잃지 않게 하려는 양, 산벚나무 꽃잎이 길 위에 살포시 점점이 내려앉습니다. 산으로 들로 내뻗는 산벚나무꽃 따라 마음도 몸도 바쁜 하루가 시작됩니다.

살둔마을 어르신이 20여 년 전에 경계 표식으로 산벚나무를 캐다 심어 놓은 것이 지금은 아름드리로 자라서 마당을 가득 메울 정도가 되었습니다. 그 큰 산벚꽃이 활짝 피면 산이 사방으로 둘러싸인 산골짜기는 형광등을 켜 놓은 것처럼 환해집니다.

● 산벚나무꽃차는 진해鎭咳, 기침, 두드러기, 피부병, 가려움증 치료와 해독에 효과가 있습니다.

만드는 법

1. 봉오리 상태의 꽃을 한 송이씩 다듬어 준비합니다.
2. 팬 위에 한지나 면 보자기를 깔고 꽃을 올려놓습니다. 저온에서 한지를 들썩여 건조시킵니다.
3. 온도를 올려 한지를 흔들어 덖음과 식힘을 3~5회 반복합니다.
4. 재워서 잔여수분을 완전히 제거합니다.
5. 뚜껑을 덮어 수분 유무 확인한 후 향매김합니다.
6. 밀폐용기에 담아 그늘에 보관합니다.

살둔마을에 딱 맞는

귀룽나무꽃차

(구름나무, 귀중목, 귀롱나무, 구롱나무)

처음 살둔마을에 들어설 때 귀룽나무꽃이 하얗게 만발하여
온 세상을 뒤덮었습니다. 뭉개구름 속인 듯 매혹당했습니다.

홍천 살둔마을에 처음 와서 하얀 귀룽나무꽃이 만발한 것을 보고 매혹당했습니다. 파릇한 연녹색 잎과 흰꽃이 어울려 나무 전체를 덮고 있는 장면은 장관이었습니다. 귀룽나무꽃은 아래로 늘어져 마치 흰 포도송이 같습니다. 그 아름다운 자태가 뭉개구름 같아서인지 구름나무라고도 합니다.

꽃차를 만들어야 한다는 생각에 꽃차용 식물과 약초를 사다 심었지만 지역 특성에 맞지 않아 실패했습니다. 그래서 이제는 무작정 심지 않고 시험 재배를 택하고 주변 식물을 이용합니다. 깊은 산 200~1000m 고지에서 서식하는 특성이 있는 귀룽나무는 살둔마을에 딱 맞습니다. 작년에는 벌레가 너무 많아서 차로 만들지 못했는데 올해는 차를 한껏 만듭니다. 1차로 만들어 시음한 후에 차 맛이 좋아 2차로 또 꽃차를 만듭니다. 개화 속도가 너무 빨라 하루 이틀 여유 부릴 수도 없어 온종일 꽃을 훑다 보니 어깨가 아파옵니다.

● 민간에서 귀룽나무는 오양목(오가피, 엄나무, 마가목, 구지뽕, 귀룽나무)으로도 불리며 귀한 약재로 이용됩니다. 어린잎은 식용되고 가지와 열매는 모두 약용됩니다. 귀룽나무꽃차는 중풍 마비, 장염, 설사, 가래, 기침, 간질환, 척추염, 관절염, 신경통, 요통 치료에 효능이 있고, 자양 강장에 효과가 있습니다.

만드는 법

1. 벌레가 좋아하는 꽃이라 선별하여 한 송이씩 다듬어 준비합니다.
2. 팬에 한지나 면 보자기를 깔고 저온에서 꽃을 펼쳐놓습니다
3. 한지나 면 보자기를 들썩여 골고루 건조시킵니다.
4. 온도를 올려 종이 주걱을 이용하여 팬에서 직접 덖음을 하거나 한지를 흔들며 덖음과 식힘을 3~5회 반복합니다.
5. 재워서 수분을 완전히 제거합니다.
6. 뚜껑을 덮어 수분 유무 확인한 후 향매김합니다.
7. 밀폐용기에 담아 그늘에 보관합니다.

날씨도 따뜻하고 손님도 찾아오면

자두꽃차

산들바람에 난분분 흩날리는 자두꽃의 하얀 꽃잎은

봄의 여신이 축복하는 꽃세례입니다.

자두꽃은 하얀 꽃잎에 노란 꽃술이 앙증맞습니다. 달콤한 향기가 납니다. 마당 귀퉁이에 커다란 자두나무 한 그루에서 퍼지는 달콤한 향기가 마당을 가득 메우기도 합니다. 그 향기를 따라 벌이 찾아오고 나비가 찾아오고 손님도 찾아옵니다.

자두꽃은 잎보다 먼저 피기에 꽃이 핀 다음에 가지치기를 합니다. 해마다 꽃은 탐스럽게 피는데 농약을 치지 않으니 결실을 맺지 못합니다. 맛난 자두를 기대하며 열매가 맺기 좋게 복잡한 가지를 잘라줍니다. 포근한 봄날에 손님이 찾아와 야외로 꽃구경하러 갑니다.

산들바람에 난분분 흩날리는 자두꽃의 하얀 꽃잎은 봄의 여신이 축복하는 꽃세례입니다. 자두꽃 다듬기를 같이하면 처음 시작할 때는 도란도란 재미있게 이야기하며 다듬었는데 한 시간쯤 지나니 점점 조용해지면서 결국 노동이 돼 버렸습니다. 꽃차를 마시며 잠시 휴식합니다. 네 명이 한 시간 넘게 자두꽃을 다듬었습니다. 혼자 했으면 밤새도록 했을 겁니다.

● 자두는 비타민이 많아 피부에 좋고 아토피 치료에 도움이 됩니다. 자두꽃차는 야맹증과 안구 건조증, 빈혈, 불면증 치료에 효능이 있습니다. 변비 개선, 피로 해소, 면역력 강화에도 효과가 있습니다.

만드는 법

1. 개화 전 봉오리를 한 송이씩 다듬어 준비합니다.
2. 팬 위에 한지나 면 보자기를 깔고 저온에서 꽃을 펼쳐놓습니다
3. 한지를 들썩여 골고루 건조시킵니다.
4. 온도를 올려가며 한지를 흔들어 덖음과 식힘을 3~5회 반복합니다.
5. 재워서 잔여수분을 완전히 제거합니다.
6. 뚜껑을 덮어 수분 유무 확인한 후 향매김합니다.
7. 밀폐용기에 담아 그늘에 보관합니다.

탐스럽고 예쁜

조팝나무꽃차

비밀스럽게 무엇을 그렇게 속살거릴까요?

소곤소곤 속삭임 조팝나무꽃잎

줄기 따라 하얗게 꽃 핀 모양이 좁쌀 튀긴 것 같다고 조팝나무라고 부릅니다. 아침에 봉오리 상태를 보고 내일 꽃차를 만들면 되겠다 싶었는데 갑자기 더워진 날씨 따라서 꽃도 오후에 활짝 피었습니다. 정현종 시 「좋은 풍경」에서처럼 "여러 날 피울 꽃을 얼떨결에 한나절에 다 피워놓고 서 있습니다." 하얀 쌀밥을 고봉으로 담아 놓은 것처럼 탐스러워서 입맛을 다시며 한참을 그렇게 서서 바라보고만 있습니다.

꽃차는 채취 시기가 중요하여 만들던 꽃차를 미룬 채 더 늦기 전에 꽃부터 채취하러 갑니다. 채취 시기를 놓치면 떠나버린 버스 뒤꽁무니 바라보는 격이어서 서두릅니다. 적기에 맞춰 채취하니 모양과 색과 향이 최고입니다. 이렇게 직접 채취하여 꽃차를 만들 때면 산골 오지에 사는 삶을 보상받는 기분입니다. 유난히 추웠던 겨울 덕에 올해는 꽃에 벌레도 없고 탐스럽고 예쁩니다. 소곤소곤 속삭임 같은 조팝나무꽃잎. 비밀스럽게 무엇을 그렇게 속살거릴까요? 그 속삭임을 들으러 가까이 다가가니 귀가 간지럽습니다. 그 차 맛은 은은하고 깔끔하고 담백합니다.

● 조팝나무 어린순은 나물로 이용하며 해열에 좋습니다. 조팝나무꽃차는 열 감기, 신경통, 가래, 감기, 목이 붓고 아픈 증세, 설사 치료에 효과가 있습니다.

만드는 법

1. 바로 핀 꽃이나 봉오리 상태의 꽃을 훑어 채취하고 이물질을 제거합니다.
2. 팬에 한지나 면 보자기를 깔고 저온에서 펼쳐놓습니다
3. 한지를 들썩이며 골고루 건조시킵니다.
4. 온도를 올려 종이 주걱을 이용하여 팬에서 직접 덖거나 한지를 흔들며 덖음과 식힘을 3~5회 반복합니다.
5. 재워서 잔여수분을 완전히 제거합니다.
6. 뚜껑을 덮어 수분 유무 확인한 후 향매김합니다.
7. 밀폐용기에 담아 그늘에 보관합니다.

약간 모자란 듯 넘지 않을 정도만

아그배나무꽃차

굵은 가지 끝에 열린 탐스러운 꽃에 마음을 빼앗겨
풍선 놓친 아이마냥 아쉽게 바라봅니다.

조금 멀리서 바라보면 커다란 풍선을 띄운 것처럼 잘 생긴 나무입니다. 촘촘히 뻗은 가지마다 분홍색 봉오리를 사과꽃 모양으로 점점 하얗게 피워 올립니다. 작년에는 해걸이를 하는지 꽃을 제대로 피우지 못했는데 올해는 많은 꽃봉오리를 맺었습니다. 굵은 가지 끝에 열린 탐스러운 꽃에 마음을 빼앗겨 남편에게 잘라달라고 부탁했습니다. 그런데 남편은 짐짓 못 들은 척 자잘한 가지만 솎아서 잘라줍니다. 굵은 가지를 잘라주면 다음해에 더 많은 잔가지가 나와 무성해지는데 말입니다. 가지치기를 하지 않은 아그배나무의 수형樹形이 보기 좋아서인지 남편은 제 뜻을 외면합니다. 풍성한 꽃잎이 달린 굵은 가지를 쥐지 못한 것이 풍선을 놓친 아이마냥 가지 끝에 매달려 있는 아쉬움만 바라봅니다. 약간 모자란 듯 남지 않을 정도만 만들기로 합니다.

아그배나무는 꽃뿐만 아니라 열매도 아름다워서 정원수로도 심습니다. 아기배처럼 작은 모양이라 아그배나무라는 이름이 생겼다고 전해집니다. 빨갛게 익은 열매는 한겨울 눈이 내려도 떨어지지 않고 매달려 있습니다. 폭설이 내린 어느 겨울 배고픈 산까치가 떼로 몰려와서 가지에 쌓인 눈을 털어가며 아그배 열매를 따먹는 모습을 본 적이 있습니다. 하얀 눈과 빨간 열매가 그려주는 풍경은 두고두고 잊히지 않습니다.

● 열매는 효소로 담거나 말려서 약용합니다. 아그배나무꽃차는 열병, 당뇨, 가래, 기침 치료에 효과가 있습니다. 다만 잎은 독성이 있으므로 주의해야 합니다.

만드는 법

1. 활짝 피기 전 손으로 봉오리를 채취하며 벌레와 이물질을 골라냅니다.
2. 팬 위에 한지나 면 보자기를 깔고 저온에서 펼쳐놓고 한지나 면 보자기를 들썩여 골고루 건조시킵니다.
3. 온도를 올려 한지를 흔들며 덖음과 식힘을 3~5회 반복합니다.
4. 재워서 잔여수분을 완전히 제거합니다.
5. 뚜껑을 덮어 수분 유무 확인한 후 향매김합니다.
6. 밀폐용기에 담아 그늘에 보관합니다.

비바람에 꽃잎이 멍들어 조금만 만든

병꽃나무꽃차

비바람이 불어 연두색 병꽃잎이 멍들었습니다.
살아있는 모든 것은 이렇게 약하고 여린가 봅니다.

산과 들에 연두색 꽃이 만발하여 병풍을 친 듯합니다. 병꽃나무는 꽃이 필 때 하얀색으로 피었다가 시간이 지나면 연두색으로 피었다가 또 시간이 지나면 붉은색으로 변합니다. 살둔마을에서 문암마을로 이어지는 신작로를 걷다보면 길가에 병꽃이 반겨 맞아줍니다. 다들 하나같이 여린 가지에 병꽃을 매달고서 어쩌다가 신작로를 지나가면 하얀 미소를 건네주다가 부끄러운지 붉게 변합니다. 한 나무에서 세 가지 색으로 변화를 보이는 꽃이니 신기합니다. 삼색 병꽃나무도 있지만 처음부터 붉은색인 병꽃이 있습니다. 병 모양을 닮아서 병꽃이라 합니다.

연두색 병꽃은 꽃 채취 시기에 비바람이 불어 꽃잎이 멍들어버렸습니다. 비바람에 생채기가 난 꽃잎을 보니 살아있는 모든 것은 이렇게 약하고 여린 존재가 아닌가 하는 생각이 듭니다. 연두색 병꽃차는 만들지 못하고 좀 늦게 피는 붉은색 병꽃으로 차를 만듭니다. 병꽃은 특히 꽃 속에 벌레가 많아서 바로 핀 꽃이나 개화 전 봉오리를 채취합니다. 꽃차를 완성하여 찻잎을 우리니 붉은색 꽃이 진한 자주색으로 변했습니다. 차 맛이 좋고 차의 효능도 좋은데 조금밖에 만들지 못해 아쉽습니다.

● 병꽃나무꽃차는 간을 튼튼히 하고, 간염, 황달, 소화 불량, 식중독 치료에 효과가 있습니다.

만드는 법

1. 바로 핀 꽃이나 개화 전 봉오리를 채취하여 꽃봉오리를 벌려서 꽃술을 제거합니다.
2. 팬에 한지나 면 보자기를 깔고 꽃을 올려놓습니다. 저온에서 한지를 들썩이며 건조시킵니다.
3. 온도를 올려 한지를 흔들며 덖음과 식힘을 3~5회 반복합니다.
4. 재워서 잔여수분을 완전히 제거합니다.
5. 뚜껑을 덮어 수분 유무 확인한 후 향매김합니다.
6. 밀폐용기에 담아 그늘에 보관합니다.

너무 오래 기다린

함박(작약)꽃차

매일 봉오리를 보며 얼굴 내밀기를 기다립니다.

좀체 기미 없는 함박꽃. 기다림에 지쳐 목이 긴 슬픈 짐승이 됩니다.

어릴 적 집 마당에 활짝 핀 함박꽃이 생각납니다. '함박꽃'은 '함'하고 입술을 오므렸다가 '박'하고 소리가 입술 밖으로 터져 나오면 활짝 핀 꽃이 연상되거나 함박웃음이 터지는 것이 연상됩니다. 시골살이를 시작하면서 어릴 적 보았던 함박꽃이 생각나 제일 먼저 심었는데 드디어 함박꽃을 보게 되었습니다. 매일매일 봉오리를 보며 얼굴 내밀기를 기다리지만 좀체 기미를 보이지 않습니다. 기다림에 지친 나는 목이 긴 슬픈 짐승이 되어버렸습니다. 함박꽃이 더디게 피어서 채취하지 못하고 관상용으로 남겨두고 지인이 보내준 꽃으로 작약꽃차를 만듭니다.

꽃차를 만들 때 봉오리를 사용하니 꽃잎을 하나씩 펴서 준비합니다. 노란 수술을 제거했을 때와 수술을 제거하지 않은 원형 그대로 했을 때 차를 우린 색과 맛이 다릅니다. 기호에 맞게 만들어 마시면 됩니다. 꽃차 모양은 수술이 있는 것이 예뻐 보입니다.

● 함박꽃(작약) 뿌리는 약재로 이용하며 함박꽃차는 진통, 복통, 월경통, 토혈, 빈혈, 소화 장애 치료에 효과가 있습니다. 특히 복통, 설사 치료에 효능이 있습니다.

만드는 법

1. 봉오리를 채취하여 그늘에 펼쳐놓습니다.
2. 꽃잎이 부드러워지면 꽃잎을 한 장씩 폅니다.
3. 팬 위에 한지를 깔고 꽃술이 위로 향하게 펼쳐놓고 바닥면이 마르면 집게로 뒤집어서 건조시킵니다.
4. 온도를 올리고 한지를 흔들며 덖음과 식힘을 5회 반복합니다.
5. 재워서 잔여수분을 완전히 제거합니다.
6. 뚜껑을 덮어 수분 유무 확인한 후 향매김합니다.
7. 꽃가루를 살살 털어줍니다.
8. 밀폐용기에 담아 그늘에 보관합니다.

동구 밖 과수원길

아까시나무(아카시나무)꽃차

아카시 꽃향기가 퍼져 물처럼 흐르고 흘러서
동구 밖까지 갑니다. 흠뻑 취합니다.

아카시나무꽃을 따먹으며 토끼 먹이로도 챙겼던 기억이 생생합니다. 잎을 하나씩 따며 놀던 어린 시절 추억이 누구에게나 있을 듯합니다. 가시가 많음을 강조하려다보니 발음이 강해져 아까시나무가 된 것 같습니다. 꽃이 실하고 좋아서 채취하다보니 수확량이 많아졌습니다. 꽃잎에 마음이 빼앗겨 시선이 가면 시선만큼이나 손놀림도 잽싸게 따라갑니다. 채취한 꽃송이를 보면 포만감을 느끼면서도 이걸 언제 다 덖나하고 걱정됩니다. 그래도 남편이 꽃을 다듬는 일을 도와주니 수월하게 마무리합니다. 따온 꽃잎 양이 많아 꽃차도 만들고 효소도 담급니다.

"동구 밖~ 과수원길~ 아카시아꽃이 활짝 폈네~~" 흥얼거리며 덖고 또 덖으며 온종일 아카시 꽃향기에 흠뻑 취합니다. 1차 마무리하고 차를 우려서 맛을 봅니다. 아카시꽃의 상큼한 맛과 향이 그대로 느껴집니다. 아카시 꽃향기가 퍼져서 물처럼 흐르고 흘러서 동구 밖까지 가겠습니다.

● 잎은 비타민C가 많고 뿌리 황기보다 좋은 약재로 알려져 있습니다. 아카시나무꽃차는 신장 질병, 방광염, 수종, 임질, 변비 치료에 효과가 있습니다. 특히 이뇨 완화에 도움이 됩니다.

만드는 법

1. 벌을 조심하며 갓 핀 꽃이나 봉오리를 채취하여 훑어 준비합니다.
2. 팬 위에 한지나 면 보자기를 깔고 꽃을 펼쳐놓고 저온에서 한지를 들썩이며 건조시킵니다.
3. 온도를 올려 종이 주걱을 이용하여 팬에서 직접 덖음을 하거나 한지를 흔들며 덖음과 식힘을 3~5회 반복합니다.
4. 재워서 잔여수분을 완전히 제거합니다.
5. 뚜껑을 덮어 수분 유무 확인한 후 향매김합니다.
6. 밀폐용기에 담아 그늘에 보관합니다.

부처님 머리 모양을 닮은

불두화차

불두화! 그 이름만으로도 약손이 되어
몸과 마음을 쓰다듬고 다독여 줍니다.

불두화가 봉긋하게 부풀어 올라 탐스러운 꽃송이를 이루었습니다. 꽃차례에 둥글게 덩이를 지어서 피어 아주 탄력적인 꽃공이 되었습니다. 하얗고 둥근 꽃모양이 눈싸움할 때 눈뭉치 같다고 해서 불두화를 영어로 '스노우볼 트리Snowball tree'라고 합니다. 또 꽃의 형태가 부처님 머리 모양을 닮아 곱슬곱슬하다고 불두화佛頭花라고 부릅니다. 불두화는 부처님의 탄신을 축하하려는 듯 4월 초파일 전후에 꽃이 활짝 핍니다. 벌과 나비를 불러들여 수정하여 열매를 맺지 않는다는 의미에서인지 절에서 정원수로 많이 심기도 하는 나무입니다.

작년에는 꽃을 다듬다 보니 벌레가 많아 꽃차를 만들지 못했는데 올해는 한껏 만들 수 있게 되었습니다. 불두화는 연한 연두색으로 피었다가 하얀색으로 활짝 피어서 절정을 이루고 꽃이 질 무렵에는 누렇게 변합니다. 그래서 색이 변하기 전에 채취해야 합니다. 꽃 속에 벌레가 있으니 손질도 깨끗이 합니다. 불두화차를 마시면 그 이름만으로도 약손이 되어 몸과 마음을 쓰다듬고 다독여 줍니다.

● 불두화차는 이뇨작용에 좋고, 진통 완화, 통경通經, 소종消腫, 심신 안정과 혈압 강하에 효과가 있습니다.

만드는 법

1. 큰 송이를 채취하고 꽃잎 한 장씩 잘라줍니다.
2. 팬에 한지나 면 보자기를 깔고 저온에서 꽃을 펼치고 한지를 들썩이며 건조시킵니다.
3. 온도를 올려 종이 주걱을 이용하여 팬에서 직접 덖거나 한지를 흔들며 덖음과 식힘을 3~5회 반복합니다.
4. 재워서 잔여수분을 완전히 제거합니다.
5. 뚜껑을 덮어 수분 유무 확인한 후 향매김합니다.
6. 밀폐용기에 담아 그늘에 보관합니다.

조금밖에 채취 못해 아쉬운

산목련(함박꽃나무)꽃차

귀하게 만든 꽃차 한 잔을 놓고 고요히 삼매三昧에 들면
달마대사처럼 개미의 비명을 들을 수 있을까요?

산목련을 함박꽃나무라고 합니다. 그 이름은 산목련의 꽃봉오리가 꽤 두툼하게 부피감이 있어서 꽃잎이 열릴 때 느낌을 표현한 듯합니다. 목련은 동시에 꽃망울을 터뜨리는데 비해 산목련은 하나 둘씩 꽃을 피워서 개화 기간이 깁니다. 신이辛夷라고 하는 산목련의 꽃봉오리는 비염 치료제로서 효능이 뛰어나지만 개화 시간이 긴 탓에 한꺼번에 채취하는 것은 쉽지 않습니다.

나무 끝자락에 몇 송이 피어있는 산목련을 채취하기가 어렵습니다. 꽃이 달린 위치 때문인지 내 집 마당에서 키운 것이 아니라는 이유에서 오는 불편함 때문인지도 모르겠습니다. 못내 떨치지 못한 불편한 마음과 산목련의 절정을 보고 싶다는 마음이 포개져 결국 집 마당에 산목련을 심었습니다.

꽃을 채취할 때 꽃봉오리가 작은 상처에도 변색하기 때문에 여간 조심스럽지 않습니다. 지난겨울 너무 추운 탓인지 꽃송이가 몇 개 없고 그나마 채취한 꽃에 벌레가 가득합니다. 꽃을 조금밖에 채취하지 못해 아쉽지만 몇 송이 안 되는 꽃으로 꽃차를 완성합니다. 귀하게 만든 꽃차 한 잔을 놓고 고요히 삼매三昧에 들면 달마대사처럼 개미의 비명을 들을 수 있을까요?

● 산목련차는 축농증, 비염, 코 막힘, 치통, 흉통, 생리통, 술병, 혈압 강하, 기침, 가래, 변비, 소화 불량, 두통, 갑상선 질환, 폐렴, 종기, 피부병 치료에 효과가 있습니다.

만드는 법

1. 꽃망울이 터지기 전에 채취하여 그늘에 펼쳐놓습니다.
2. 꽃잎이 부드러워지면 꽃잎을 한 장씩 펴주고 암술 뾰족한 부분만 잘라줍니다.
3. 찜기 위에 올려놓고 한쪽 면이 건조되면 집게를 이용하여 뒤집어서 건조시킵니다.
4. 온도를 올려 한지를 흔들며 덖음과 식힘을 5회 반복합니다.
5. 재워서 잔여수분을 완전히 제거합니다.
6. 뚜껑을 덮어 수분 유무 확인한 후 향매김합니다.
7. 밀폐용기에 담아 그늘에 보관합니다.

■ 주의 : 꽃을 자주 만지면 갈변하므로 주의해야 합니다. 갈변 시 장갑을 끼고 작업합니다.

제2장

어릴 적 산에서 들에서 따먹던
여름꽃을 활용한 꽃차 만들기

샤스타데이지꽃차·캐모마일꽃차·금계국꽃차·꿀풀(하고초)꽃차
금잔화차·한련화차·잇(홍화)꽃차·해바라기꽃차·족두리(풍접초꽃)꽃차
도라지꽃차·당아욱꽃차·개양귀비꽃차·연꽃차
노랑코스모스(황화코스모스)꽃차·분꽃차·아마란스꽃차·쑥꽃차
맨드라미(계관화)꽃차·천일홍꽃차·메리골드(만수국)꽃차

꽃은 없고 잎만 무성하더니

샤스타데이지꽃차

꼬마아이 손짓 같은 샤스타데이지.

살랑살랑 손 흔들며 소리 없이 환대하면 웃음으로 화답합니다.

노란색 금계국과 하얀색 샤스타데이지가 요즘 도로 주변에 한창 피어 있습니다. 샤스타데이지의 꽃은 줄기 끝에 한 송이씩 핍니다. 샤스타데이지와 구절초가 비슷하게 생겼는데 꽃피는 시기가 다릅니다. 샤스타데이지는 봄에서 여름 가는 길목에 피어서 '여름 구절초'라고도 하고 구절초는 가을에 핍니다.

작년 봄에 샤스타데이지 씨앗을 뿌렸는데 꽃은 없고 잎만 무성하더니 올해는 꽃을 일찍 피웠습니다. 꽃을 보지 못한 서운한 한 해를 보낸 뒤라 개화 소식에 반가움이 더합니다. 샤스타데이지는 생명력이 강한 다년초로 한번 뿌리를 내리면 해마다 잘 자랍니다. 청초한 샤스타데이지가 모나지 않는 수더분한 성격까지 있으니 사랑스럽습니다.

마당 정원에 심었더니 꽃이 일찍 피어 일찌감치 화사한 풍경을 봅니다. 꽃송이가 무리지어 피어 있으니 더 예쁩니다. 샤스타데이지는 반가운 손님을 맞이하는 꼬마아이의 손짓 같습니다. 살랑살랑 손 흔들며 소리 없이 환대하면 나는 웃음으로 화답합니다.

● 샤스타데이지꽃차는 간장 질환, 기관지 질환, 변비 치료에 효능이 있고 해독 효과가 있습니다.

만드는 법

1. 꽃술이 피기 전 바로 핀 꽃을 채취합니다.
2. 팬 위에 한지나 면 보자기를 깔고 저온에서 꽃을 얹어놓습니다.
3. 한쪽 면이 건조되면 집게를 이용하여 뒤집어서 건조시킵니다.
4. 온도를 올려 한지를 흔들며 덖음과 식힘을 3~5회 반복합니다.
5. 재워서 잔여수분을 완전히 제거합니다.
6. 뚜껑을 덮어 수분 유무 확인한 후 향매김합니다.
7. 밀폐용기에 담아 그늘에 보관합니다.

추위에 강하여 홍천과 잘 맞는

캐모마일꽃차

손가락에 시퍼렇게 풀물이 들어도
꽃송이는 배시시 웃고 있습니다.

가을에 파종하여 싹을 틔우고 추운 겨울을 보냅니다. 겨울을 보내고 봄에 모종을 옮겨 심었는데 마침내 꽃이 피었습니다. 추위에 강하여 홍천 지역과 잘 맞는 꽃입니다. 한 골만 심기로 했는데 싹이 많이 올라와 두 골로 늘어났습니다. 내년에는 줄여서 한 골만 심기로 계획합니다. 매일 피는 꽃을 한 송이씩 채취합니다. 음악을 들으며 남편과 마주보고 옛이야기도 합니다. 꽃 채취한 지 3시간이 지나자 남편과 나는 말을 잃은 채 꽃 채취에 몰두하여 정적만 흐릅니다. 힘들어도 토실토실 활짝 핀 꽃을 보면 흐뭇합니다.

아기를 다루듯 꽃을 따다 보면 손가락에 시퍼렇게 풀물이 들어도 바구니에 담긴 꽃송이는 배시시 웃고 있습니다. 저만치 밭고랑을 지나 온 곳에는 미처 따지 못한 꽃 몇 송이가 바람에 살랑살랑 거립니다. 허리도 필 겸 다시 그리로 다가가서 마저 따려다가 그냥 내버려 둡니다. 숨 한번 크게 쉬고 나니 마음이 넉넉해집니다.

● 유럽에서는 캐모마일이 통증과 염증에 진정작용이 뛰어나 가정상비약으로 여길 만큼 보편화된 약초라고 합니다. 캐모마일꽃차는 감기, 기관지 천식, 과민성 위장염, 전신통, 우울증, 불안감, 스트레스, 불면증, 소화기 질환, 치통, 월경 불순 치료에 효과가 있습니다. 긴장을 완화시키고 심신을 안정시키는데 효능이 있습니다.

만드는 법

1. 바로 핀 꽃을 한 송이씩 채취합니다.
2. 팬 위에 한지나 면 보자기를 깔고 저온에서 펼쳐놓고 들썩여 건조시킵니다.
3. 온도를 올려 종이 주걱을 이용하여 팬에서 직접 덖거나 한지를 흔들며 덖음과 식힘을 3~5회 반복합니다.
4. 재워서 잔여수분을 완전히 제거합니다.
5. 뚜껑을 덮어 수분 유무 확인한 후 향매김합니다.
6. 밀폐용기에 담아 그늘에 보관합니다.

심고 가꾸어서 채취한 믿음

금계국꽃차

꽃이 정해주는 하루 일과. 꽃의 신탁을 받습니다.
꽃의 시간은 곧 나의 시간입니다.

꽃이 닭의 금색 벼슬처럼 생겼다고 해서 금계국金鷄菊이라 합니다. 금계국은 흔한 꽃인데도 꽃차용 꽃을 만나기가 쉽지 않습니다. 직접 심고 가꾸고 채취해야 믿음이 가서 꽃차로 만들 수 있습니다. 잘 자라는 꽃이라 밭둑에 씨를 뿌렸는데 싹을 틔우지 않았습니다. 다음해에 다시 길가에서 씨를 받아 밭에 파종했더니 꽃을 피웠습니다. 금계국은 길가에 군락을 이루어 피어서 바람 따라 흔들리면 노란 물결이 일어납니다. '상쾌한 기분'이 꽃말이라니 샛노란 색깔이 주는 환상적 분위기와 잘 맞습니다.

꽃차를 하면서 생긴 일인데 오늘은 무엇을 할지 하루 일과를 꽃이 정해 줍니다. 꽃의 신탁神託을 듣고 따라야 합니다. 그래서 자연에 살며 자연의 소리에 귀 기울입니다. 그에 따라 꽃차 만드는 일정, 일의 경중輕重과 완급緩急이 정해집니다. 꽃의 시간은 곧 나의 시간입니다. 신탁은 유예할 수 없이 약속입니다. 오늘은 캐모마일, 샤스타데이지, 금계국, 수레국, 금잔화, 꿀풀을 채취하여 차로 만들고 계곡에 갈대순도 뽑아 냉장고에 넣어두려 합니다.

● 금계국꽃차는 해독작용이 있고 감기 예방, 갈증 해소, 종기 제거에 효능이 있습니다. 특히 어혈, 치통, 가려움증 치료에 효과가 있습니다.

만드는 법

1. 꽃술이 피기 전 바로 핀 꽃을 채취하여 줄기를 잘라줍니다.
2. 팬 위에 한지나 면 보자기를 깔고 저온에서 꽃을 엎어놓습니다.
3. 한쪽 면이 건조되면 집게를 이용하여 뒤집어서 건조시킵니다.
4. 온도를 올려 한지를 흔들며 덖음과 식힘을 3~5회 반복합니다.
5. 재워서 잔여수분을 완전히 제거하고 뚜껑을 덮어 수분 유무 확인한 후 향매김합니다.
6. 밀폐용기에 담아 그늘에 보관합니다.

어릴 적 추억을 꽃병에 봉인하는

꿀풀(하고초)꽃차

푸릇한 추억이 스치면 꿀풀꽃은 어느새 성큼 자랍니다.
그러면 바래지 않는 옛일 꽃병에 봉인합니다.

어릴 적 꽃을 따서 쪽쪽 빨아 먹었던 꿀풀꽃입니다. 꿀이 많은 꽃이라 붙여진 이름입니다. 서너 포기 있던 꽃을 두해 동안 포기 나누기하였더니 번식하여 화단 한 바퀴를 둘러 꽃이 피었습니다. 천연덕스럽게 주위를 넓히며 피어서는 꿀맛까지 선사하는 꿀풀꽃의 넉살스러움이 좋습니다. 화려한 화훼용 꽃도 좋지만 꽃을 보며 옛이야기를 나눌 수 있는 추억의 꽃도 좋습니다. 꿀풀꽃을 보고 있으면 어릴 적 산으로 들로 뛰어놀던 유년시절을 불러옵니다. 꿀풀꽃에 바래지 않는 푸릇한 추억이 스치면 꿀풀꽃은 어느새 성큼 자랍니다. 추억이 어린 꽃으로 차를 만들어 그리운 옛일을 꽃병에 봉인합니다. 시간이야 붙들 수 없는 것이어서 속절없이 흐르지만 소환된 추억이 꽃병 안에 흐릅니다.

꿀풀은 5~6월에 피었다가 여름에 시들어버린다고 해서 하고초夏枯草라고 합니다. 꽃의 절정보다 낙화落花에 무게를 두고 이름이 지어진 것이 의아합니다. 아마도 약효가 뛰어나 꽃이 진 뒤의 아쉬움을 담은 듯합니다.

● 꿀풀꽃차는 간을 맑게 해주며 이뇨, 소염消炎, 소종消腫 등의 효능이 있으며 전염성 간염, 폐결핵, 임파선염, 임질, 고혈압, 악성종양, 전신 수종水腫, 유선염乳腺炎, 고혈압, 소변 불통, 결핵 치료 등에 효과가 있습니다. 특히 이뇨작용에 좋습니다.

만드는 법

1. 가위로 바로 핀 꽃을 채취하고 손질합니다.
2. 팬 위에 한지나 면 보자기를 깔고 저온에서 꽃을 올려놓습니다.
3. 바닥면이 마르면 한지나 면 보자기를 들썩여 자리바꿈하거나 집게로 뒤집어서 건조시킵니다.
4. 온도를 올려 종이 주걱을 이용하여 팬에서 직접 덖음을 하거나 한지를 흔들며 덖음과 식힘을 3~5회 반복합니다.
5. 재워서 잔여수분을 완전히 제거합니다.
6. 뚜껑을 덮어 수분 유무 확인한 후 향매김합니다.
7. 밀폐용기에 담아 그늘에 보관합니다.

■ 주의 : 벌이 좋아하는 꽃이라 꽃 채취 시 벌을 조심해야 합니다.

아침 이슬이 마르고 꽃이 피면

금잔화차

황금색 술잔을 닮아서 금잔화金盞花. 황금색 꽃무더기 찬란합니다.
색 고운 술을 부어도 좋겠습니다.

꽃차용으로 심어놓은 금잔화가 활짝 피었습니다. 황금색 꽃무더기가 눈이 부실 정도로 찬란합니다. 황금색 술잔을 닮아서 금잔화金盞花라고 부릅니다. 때깔 좋은 꽃잎잔에 색 고운 술을 부어도 좋겠습니다.

꽃차 만들기를 하면서 하늘을 쳐다보며 수시로 일기예보를 확인하는 습관이 생겼습니다. 꽃들이 이제 피기 시작하는데 장마가 시작되어 적기에 꽃을 채취하지 못합니다. 더위와 습기에 꽃이 망가지고 뭉그러집니다.

금잔화는 해가 넘어가면 꽃이 오므라들어서 아침 이슬이 마르는 낮에 채취하고, 채취 후에 바로 꽃차 만드는 작업을 합니다. 파란 하늘에 뭉게구름이 배경으로 흘러갑니다. 꽃을 채취하기엔 좋은 날씨여서 서둘러 채비를 갖추고 꽃밭으로 향합니다. 꽃들도 하늘을 배경으로 서서 향기를 뿜어 냅니다. 꽃을 채취할 때는 꽃 뒷면이 끈적거려 장갑을 끼고 가위로 채취하면 좋습니다.

● 금잔화차는 이뇨, 혈압 강하, 담즙 분비 촉진에 효과가 있습니다. 위염, 위궤양, 십이지장궤양, 발한, 통경痛經 치료에도 효능이 있습니다. 특히 꽃을 달인 물은 외상, 화상, 동상 치료에 사용하며 피부미용을 위해 목욕제로도 이용합니다.

만드는 법

1. 이슬이 마르고 꽃이 피면 낮에 가위로 채취합니다.
2. 팬 위에 한지나 면 보자기를 깔고 저온에서 꽃을 얹어놓습니다.
3. 한쪽 면이 마르면 집게로 뒤집어서 건조시킵니다.
4. 온도를 올려 한지를 흔들며 덖음과 식힘을 3~ 5회 반복합니다.
5. 재워서 잔여수분을 완전히 제거합니다.
6. 뚜껑을 덮어 수분 유무 확인한 후 향매김합니다.
7. 밀폐용기에 담아 그늘에서 보관합니다.

식용꽃으로 밭에 심은

한련화차

한련화가 낮은 목소리로 도란도란 이야기하며 흐드러지게 퍼져나갑니다.
어디든 한 생명 피워내는 야생의 강건함.

서울 오가는 길에 강원도 인제 도로변에서 많이 볼 수 있는 꽃입니다. 식용꽃으로 소개된 한련화를 밭에 심었는데 꽃은 성글게 피고 잎만 무성합니다. 한련화旱蓮花의 잎은 연화蓮花의 잎과 비슷하게 생겼습니다. 연꽃이 물에서 피지만 땅에서도 핀다고 해서 한련화旱蓮花라는 이름이 붙었습니다. 그 잎과 줄기를 씹어 보니 매콤하고 쌉쌀합니다. 꽃과 잎, 줄기로 차를 만들고 장아찌도 담급니다.

한련화는 씨로 번식도 하고 줄기를 잘라 꺾꽂이해도 번식이 잘 됩니다. 키가 작고 옆으로 퍼지면서 늘어납니다. 한련화가 낮은 목소리로 도란도란 이야기하며 흐드러지게 퍼져나갑니다. 단아한 풍모의 한련화가 강한 생명력을 어디에 쟁여두었는지 어느 환경에도 괘의치 않고 한생명을 피워내는 야생적 강건함이 있습니다.

● 한련화는 꽃과 잎, 줄기, 열매 모두 식용하며 꽃은 샐러드로 잎은 스프나 샐러드, 샌드위치, 장아찌, 김치로 이용합니다. 철분 및 비타민C를 다량 함유하며 강장, 혈액 정화, 소독 효과가 있으며 기관지염이나 적혈구 형성을 촉진합니다.

만드는 법

1. 채취한 꽃은 꽃술을 제거한 후 수분이 있는 상태에서 열을 가하면 갈변하므로 그늘에서 말립니다.
2. 팬에서 수분을 제거한 후 온도를 올려 한지를 흔들며 덖음과 식힘을 5회 반복합니다.
3. 재워서 잔여수분을 완전히 제거합니다.
4. 뚜껑을 덮어 수분 유무 확인한 후 향매김합니다.
5. 밀폐용기에 담아 그늘에서 보관합니다.

귀한 꽃이라 매일 채취하여 만든

잇(홍화)꽃차

노란색으로 피었다가 주황색으로 꽃이 지는 잇꽃.
종이와 옷감을 물들이기도 하고 연지를 찍기도 하는 홍화입니다.

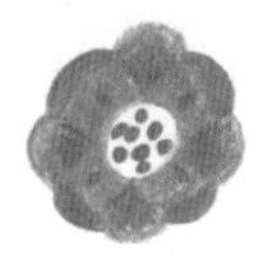

홍화씨를 주문했는데 율무씨로 잘못 배달되었습니다. 다시 받아 파종했는데 발아율이 50% 밖에 되지 않았습니다. 2차로 다시 파종해 싹은 나왔는데 벌레가 갉아먹고 말았습니다. 다시 3차 파종해 얻은 귀한 홍화입니다. 홍화는 씨앗으로 번식합니다. 4월에 제일 먼저 파종하면서 기대에 부풀어 골을 널찍하게 잡고 심었습니다. 기대에 미치지 못한 채취량이지만 꽃차를 만들 수 있을 만큼이라 다행입니다.

잇꽃을 홍화紅花라고 합니다. 홍화는 처음에 노란색으로 피었다가 꽃이 질 때 즈음에 짙은 주황색으로 변합니다.

홍화를 종이와 옷감을 물들이는 염료로 썼으며 화장품의 착색료로 사용하여 연지를 만들었습니다. 홍화를 채취할 때는 코팅된 장갑을 낍니다. 홍화 꽃받침과 억센 잎이 가시로 되어 있어서 걸핏하면 손을 찔리기 때문입니다. 그뿐 아니라 자벌레며 진딧물까지 벌레가 좋아하는 꽃이어서 여러 가지로 신경을 써야 합니다. 곁가지에서 핀 꽃은 작고 실하지가 않아서 그냥 내버려 둡니다. 여물어 씨가 맺히면 기름으로 짤 생각입니다.

● 홍화는 여성을 위한 약초라 하여 혈액순환을 원활히 합니다. 통경제通經劑로 이용합니다. 홍화씨는 기름으로 식용하며 리놀산이 많이 들어 있어서 콜레스테롤 과다에 의한 동맥경화증의 예방과 치료에 효과가 있습니다. 또 칼슘이 많아 골절 치료, 골다공증 예방 및 치료에 뛰어난 효능이 있습니다. 혈전, 부인병, 월경 불순, 어혈에 의한 통증, 작은 종기, 타박상 치료에 효과가 있습니다.

■ 주의 : 자궁수축작용을 촉진하니 임산부는 마시지 마십시오.

만드는 법

1. 꽃이 1/3 정도 피었을 때 장갑을 끼고 가위를 이용하여 채취합니다.
2. 줄기를 바짝 자르고 거친 껍질을 벗겨줍니다.
3. 찜기에 올려 증기에 찝니다.
4. 팬 위에 한지나 면 보자기를 깔고 저온에서 건조시킵니다.
5. 온도를 올려 한지를 흔들며 덖음과 식힘을 5회 반복합니다.
6. 재워서 잔여수분을 완전히 제거합니다.
7. 뚜껑을 덮어 수분 유무 확인한 후 향매김합니다.
8. 밀폐용기에 담아 그늘에서 보관합니다.

읍내 식당 울타리에서 온

해바라기꽃차

꽃이 피고 나면 해를 따라 몸을 돌리지 않는 해바라기.
'때'를 알고 절제하는 열정이 놀랍습니다.

살둔마을에 이사 와서 가끔 먹고 싶은 게 있는데 짜장면이나 막국수 같은 분식입니다. 도시에서는 좀체 그런 생각이 들지 않았습니다. 모처럼 시장도 볼 겸 창촌 읍내로 외식하러 갑니다. 강원도 별미인 막국수 집에 들어서니 테디 해바라기와 메리골드가 울타리를 대신하고 있습니다. 여름이면 맛난 막국수도 먹고 마당에 꾸며놓은 작은 화단도 구경하다보니 단골집이 되었습니다. 단순히 외식만 하는 게 아니라 이 지역에서 잘 자라는 화초에 대해 배우기도 하고 귀한 씨앗을 얻기도 합니다.

해바라기는 봉오리가 맺힐 때까지 해를 보고 자랍니다. 꽃이 피고 나면 해를 따라 몸을 돌리지 않습니다. 해바라기가 일생을 해바라기하는 줄 알지만 그렇지 않습니다. 해바라기의 열정도 '때'를 알고 더 이상 해를 따라 몸을 돌리지 않는 절제가 놀랍습니다.

통꽃으로 만든 꽃차는 유리 다관에 우리면 꽃이 다시 피어나는 모양이 예쁩니다. 꽃 한 송이만 우려도 여럿이 마실 수 있습니다. 하지만 꽃이 커서 작은 병에는 보관이 어렵고 나누기가 불편합니다. 올해는 꽃잎만 따서 꽃차를 만듭니다. 통꽃보다 만드는 시간도 짧고 노란색 예쁜 꽃잎도 나누기가 편리합니다. 차 맛은 해바라기씨의 고소한 맛이 납니다.

● 해바라기꽃차의 효능은 두통, 어지럼증, 얼굴이 부은 증상을 진정시키고 눈을 맑게 하는데 효과가 있습니다.

만드는 법

1. 2/3정도 개화된 꽃을 봉우리째 채취하여 꽃잎을 따서 준비합니다.
2. 팬 위에 한지나 면 보자기를 깔고 꽃잎을 펼쳐 놓습니다. 저온에서 한지를 들썩여 건조시킵니다.
3. 온도를 올려 종이 주걱을 이용하여 팬에서 직접 덖거나 한지를 흔들며 덖음과 식힘을 3~5회 반복합니다..
4. 재워서 잔여수분을 완전히 제거합니다.
5. 뚜껑을 덮어 수분 유무 확인한 후 향매김합니다.
6. 밀폐용기에 담아 그늘에 보관합니다.

길섶에서 씨앗을 훑어와 심은

족두리(풍접초꽃)꽃차

신부의 머리에 얹은 족두리, 바람에 날아가는 나비,

어찌 수려하지 않을까요? 족두리꽃 혹은 풍접초.

고향 마을을 지나가는데 길섶에 족두리꽃이 서너 포기 있습니다. 꽃이 너무 예뻐서 지나던 길을 멈추고 씨앗을 몇 개 훑어왔습니다. 첫해 두 포기로 시작하여 3년차가 되는 올해에 마당 곳곳에 족두리꽃을 심었더니 풍성하게 꽃을 피웠습니다.

전통 혼례 때 신부의 머리에 얹은 족두리 같다고 해서 족두리꽃이라 하고 또 꽃이 바람에 날아가는 나비 같다고 해서 풍접초風蝶草라고도 합니다. 길게 나온 꽃술이 나비 같다고 해서 북한에서는 나비꽃이라 부른다고 합니다. 꽃말이 시기, 질투라니 족두리꽃의 빼어난 아름다움에 잘 맞습니다. 수려한 아름다움이 없다면 어찌 신부 머리 위에 올릴 수 있을까요?

꽃을 심을 때 모종사서 심는 것보다 씨를 뿌려 심기를 좋아합니다. 씨앗부터 채취해 심고 가꿔서 꽃의 절정을 보는 것은 꽃차살이에 더할 나위없는 즐거움입니다. 꽃의 일생과 희로애락喜怒哀樂을 같이하며 동고동락同苦同樂하니 이런 친구가 어디 있으라구요. 한해살이라 해도 다음해에 볼 수 있어 기다리는 즐거움이 있습니다.

● 족두리꽃은 혈액순환을 촉진하고 통증을 줄여주며 염증을 진정시키는 효능이 있습니다. 사지마비, 동통과 타박상과 피부질환 치료에 효과가 있습니다.

만드는 법

1. 갓 핀 꽃은 수술을 제거하고 봉오리 상태의 꽃을 한 송이씩 다듬어 준비합니다.
2. 팬 위에 한지나 면 보자기를 깔고 저온에서 펼쳐놓고 한쪽 면이 마르면 집게를 이용하여 뒤집어서 건조시킵니다.
3. 온도를 올려 한지를 흔들어 덖음과 식힘을 3~5회 반복합니다.
4. 재워서 잔여수분을 완전히 제거합니다.
5. 뚜껑을 덮어 수분 유무 확인한 후 향매김합니다.
6. 밀폐용기에 담아 그늘에 보관합니다.

꽃차 만들기를 만들며 처음 접한

도라지꽃차

어설피 만날 수 없는 꽃입니다.

보랏빛으로 번져가는 매혹적인 차색을 떠올리며 밤을 새웁니다.

처음 꽃차를 만들며 접한 꽃이 도라지꽃입니다. 꽃도, 차색도 예쁘지만 만들기가 힘들었던 차입니다. 해마다 씨를 뿌려보지만 어설픕니다. 도라지 밭에 꽃이 듬성듬성합니다. 도라지꽃이 피기 시작하면 매일 새로운 꽃을 채취할 수 있습니다. 도라지꽃차를 만들다가 마무리를 못하고 잠들었는데 일어나니 보라색 꽃이 간밤에 하얗게 변해 버렸습니다. 밤새 비가 와서 도라지꽃이 수분을 머금어 탈색되었습니다. 관심 받지 못한 서운함에 도라지꽃이 눈물을 삼키며 보랏빛 베일을 벗어버렸습니다. 여름이면 꽃차를 만들며 꽃의 특성에 따라 잠을 못 자는 경우가 있습니다. 탈색이 되는 꽃차를 만드는 날은 일이 마무리될 때까지 밤을 새워야 합니다. 몸이 피곤지만 도라지꽃의 눈물을 서둘러 거두어야 합니다. 잉크빛으로 번져나가는 매혹적인 차색으로 다시 피어나는 것을 떠올리면 손놀림이 빨라집니다.

● 도라지꽃차는 호흡기 질환, 기관지염, 신경통, 편도선염, 인후통, 복통, 폐농양, 부인병, 냉병, 기침, 감기, 폐렴, 위산과다, 설사, 감기로 생긴 두통, 치료에 효과가 있습니다. 특히 거담去痰, 진해鎭咳, 진통, 진정, 해열, 소염消炎 효능이 있습니다.

만드는 법

1. 아침에 바로 핀 꽃이나 개화 전 부푼 봉오리를 채취합니다.
2. 봉오리를 벌리고 꽃잎이 펴지게 가위로 갈라줍니다.
3. 꽃술을 자르고 꽃받침도 1/3 정도 가위로 자릅니다.
4. 팬 위에 한지나 면 보자기를 깔고 저온에서 꽃을 얹어놓습니다.
5. 한쪽 면이 마르면 집게를 이용하여 뒤집어서 건조시킵니다.
6. 온도를 올려 한지를 흔들며 덖음과 식힘을 3~ 5회 반복합니다.
7. 재워서 잔여수분을 완전히 제거합니다.
8. 뚜껑을 덮어 수분 유무 확인한 후 향매김합니다.
9. 밀폐용기에 담아 그늘에서 보관합니다.

두 번이나 벌에 쏘이며

당아욱꽃차

당아욱꽃에는 꽃송이 하나에 벌이 두세 마리.
꽃말처럼 어머니의 사랑을 맛보려는가 봅니다.

당아욱 모종을 세 포기 구입하여 심었는데 꽃이 피지 않았습니다. 두 포기는 겨울에 얼어 죽고 한 포기만 살아나 꽃을 피웠습니다. 꽃씨를 채취하여 다음해 봄에 파종했으니 이제 3년차입니다. 올해에 비로소 당아욱꽃을 맘껏 볼 수 있게 되었습니다.

꽃이 얼마나 빨리 피는지 아침저녁으로 꽃을 채취합니다. 오이와 호박꽃은 수정이 되지 않아 열매를 못 맺고 있는데 당아욱꽃에는 꽃송이 하나에 벌이 두세 마리가 붙어 있습니다. 꽃을 채취하다 두 번이나 벌에 쏘여 꽃을 채취할 때면 지레 불안감이 듭니다. 벌의 날갯짓 소리에 천지가 진동한 것처럼 작은 소리에도 놀라서 그만 엄마야 하고 소리칩니다. 다급한 마음이면 엄마가 엄마를 부릅니다. 벌을 의식하며 채취하는 동안 불안했지만 흐드러지게 핀 꽃에 마음이 빼앗겨 비로소 진정됩니다. 당아욱꽃의 꽃말이 자애, 은혜, 어머니의 사랑이라니 슬며시 웃음이 납니다.

● 당아욱은 잎줄기를 약재로 쓰며 당아욱꽃차는 대소변을 원활하게 하고 림프절 결핵, 대하, 배꼽 주위가 쑤시면서 아픈 증세 치료에 효과가 있습니다.

만드는 법

1. 봉오리를 채취한 후 상온에 두어 개화가 시작되면 꽃술을 제거합니다.
2. 팬 위에 한지나 면 보자기를 깔고 저온에서 꽃을 엎어놓습니다.
3. 한쪽 면이 마르면 꽃을 집게로 뒤집어서 건조시킵니다.
4. 온도를 올려 한지를 흔들며 덖음과 식힘을 3~5회 반복합니다.
5. 재워서 잔여수분을 완전히 제거합니다.
6. 뚜껑을 덮어 수분 유무 확인한 후 향매김합니다.
7. 밀폐용기에 담아 그늘에서 보관합니다.

봄꽃들에 밀린

개양귀비꽃차

꽃을 펴는데 시간이 많이 걸려 한 달 만에 한 병 정도 만들 수 있습니다.
경국지색傾國之色 양귀비가 이토록 까다로웠을까요?

봄꽃들에 밀려 개양귀비꽃차를 이제야 만들어 완성합니다. 개양귀비는 양귀비와 꽃 모양이 비슷하고 선홍색 꽃잎은 윤기가 흘러 절세가인답게 먼발치에서도 눈에 띕니다. 타원형의 꽃봉오리는 꽃이 피기 전까지 부끄러운 듯 아래를 향해 있지만 차츰 고개를 들어올리며 아름다운 자태를 드러냅니다.

예로부터 양귀비꽃의 효능이 좋아 비상약으로 많이 사용했습니다. 개양귀비꽃도 한방에서 기침, 복통, 설사 치료제로 이용하는데 그 차 맛이 궁금합니다. 꽃차 만들기에는 잎이 얇디얇아서 다루기가 무척 까다롭습니다. 봉오리를 채취하여 꽃잎을 펴는데 꽃잎이 찢어지고 떨어져서 불량이 많이 납니다. 갓난아이를 다루듯이 공들인 정성 때문인지 찢어진 꽃잎마저 차마 버리지를 못합니다. 제가 마실 양으로 떨어진 잎도 차로 만듭니다. 꽃을 펴는데 시간이 많이 걸려 한 달 만에 한 병 정도 만들 수 있습니다. 경국지색傾國之色 양귀비가 이토록 까다로웠을까요? 꽃잎을 우리니 연한 자줏빛 차색이 나옵니다.

● 개양귀비꽃차는 진해鎭咳, 진통, 지사止瀉, 기침, 복통, 설사 치료에 효능이 있습니다.

만드는 법

1. 개화 전 봉오리를 채취합니다.
2. 꽃잎을 펴서 꽃술과 씨방과 줄기를 가위로 잘라줍니다.
3. 팬 위에 한지나 면 보자기를 깔고 저온에서 꽃을 엎어놓습니다.
4. 한쪽 면이 마르면 집게로 뒤집어서 건조시킵니다.
5. 온도를 올려 한지를 흔들며 덖음과 식힘을 3~5회 반복합니다.
6. 재워서 잔여수분을 완전히 제거합니다.
7. 뚜껑을 덮어 수분 유무 확인한 후 향매김합니다.
8. 밀폐용기에 담아 그늘에서 보관합니다.

연꽃 우려 얼음 띄우고

연꽃차

상대를 생각하는 마음, 차를 마시는 순간에 올라오는 이 마음이 좋습니다.
연꽃에서 나온 보살의 마음일까요?

8월 휴가철에 가족, 친지들이 모였습니다. 만들어놓은 꽃차를 보며 꽃 이름을 묻고 맛이 어떤가 궁금해합니다. 선선한 날씨라면 따뜻하게 찻자리를 준비하겠지만 너무 더운 날씨라 시원한 연꽃차를 준비합니다. 연꽃을 우려 얼음을 띄워서 시원하게 냉차를 만들어 내놓으니 맛을 보고는 예쁜 연꽃차의 맛과 향에 모두 좋아합니다. 연꽃차 한 잔이 시골살이 정취에 빠지게 하는 묘약 역할을 톡톡히 합니다.

차를 우려서 나눌 때는 차색과 온도, 빈 잔에 신경을 씁니다. 좋은 차 맛을 보여드리고 싶은 마음이지요. 상대를 생각하는 마음, 차를 마시는 순간에 올라오는 이 마음이 좋습니다. 연꽃에서 나온 보살의 마음일까요? 진흙에서 피지만 결코 더러움에 물들지 않는 연꽃은 '나'를 돌아보며 살피게 하는 꽃거울입니다.

연꽃차를 마신 후에 꽃을 꺾어 머리에 꽂고 꽃차를 만들어 봅니다. 가족, 친지 모두가 시골살이에 공감하고 응원해주니 힘이 납니다.

● 연꽃차는 피를 잘 돌게 하여 풍 치료에도 효과가 있고, 지혈에도 효능이 있습니다. 또한 습기로 인해 생긴 질병을 치료하는데 좋습니다.

만드는 법

1. 아침에 꽃이 피기 전 봉오리 상태를 채취합니다.
2. 겉잎은 떼어 버리고 꽃잎을 펼칩니다.
3. 찜기 위에 꽃을 올려놓고 건조를 시작합니다.
4. 건조 과정에서 꽃잎을 펼쳐주며 모양을 예쁘게 잡아줍니다.
5. 80% 정도 건조되면 팬 위에서 덖음과 식힘을 5회 반복합니다.
6. 재워서 잔여수분을 완전히 제거합니다.
7. 뚜껑을 덮어 수분 유무 확인한 후 향매김합니다.
8. 밀폐용기에 담아 그늘에서 보관합니다.

냉연차 만드는법

1. 연꽃을 흐르는 물에 씻으며 예쁘게 펴줍니다.
2. 큰 다관에 연꽃을 넣고 연꽃이 잠기도록 끓인 물을 부어줍니다.
3. 얼음을 넣어 시원한 냉연꽃차로 만듭니다.
4. 꽃얼음이나 꽃물얼음 또는 꽃을 띄워 예쁘게 장식합니다.

꽃다시 꽃담주

사골길을 오가며 씨를 받아 심었던

노랑코스모스(황화코스모스)꽃차

숨 고를 여유를 주지 않고 자기만 봐달라고 응석부리는 노랑코스모스.
차색도 짙은 주황색으로 눈길을 끕니다.

길가에 노랗게 핀 코스모스는 이름이 노랑코스모스지만 노란색이라기보다는 짙은 주황색입니다. 계절을 따라 찾아온 노랑코스모스가 바람 따라 흔들립니다. 노랑코스모스를 보고 있는 나도 따라 흔들립니다.

노랑코스모스는 분홍코스모스보다 꽃잎이 넓고 개화 기간이 짧습니다. 서울과 홍천을 오가며 시골길에서 씨를 받아 심었는데 예쁘게 잘 자라서 매일 꽃차를 만들고 있습니다. 얼마나 꽃이 잘 피는지 하루에 오전과 오후 두 번씩 채취합니다. 꽃이 핀 지 하루가 지나면 꽃술이 피어 꽃차용으로 못 쓰게 됩니다. 매일 채취하면 다음날 새로운 꽃으로 채취하기가 쉽습니다. 해가 뒷산에 걸리면 꽃이 오므라져 그전에 채취해야 합니다. 채취한 꽃도 바로 꽃차를 만들어야 합니다. 노랑코스모스는 숨을 고를 여유를 주지 않고 자기만 봐달라고 응석부리는 아이 같습니다. 차색도 바라보는 이의 시선을 끌 만큼 찬란한 짙은 주황색입니다.

● 노랑코스모스는 차색이 예뻐서 색내기용으로 많이 이용합니다. 노랑코스모스꽃차는 만성피로를 완화하고 충혈된 눈과 통증, 종기 치료 등에 효과가 있습니다.

만드는 법

1. 꽃술이 도드라지기 전 갓 핀 꽃을 채취합니다.
2. 팬에 찜기를 올려놓고 위에 한지나 면 보자기를 깔고 저온에서 꽃을 엎어 놓습니다.
3. 한쪽 면이 마르면 집게로 뒤집어서 건조시킵니다.
4. 온도를 올려 한지를 흔들며 덖음과 식힘을 3~5회 반복합니다.
5. 재워서 잔여수분을 완전히 제거합니다.
6. 뚜껑을 덮어 수분 유무 확인한 후 향매김합니다.
7. 밀폐용기에 담아 그늘에서 보관합니다.

꽃 따라 종종걸음

분꽃차

해질 무렵 밤마실 나가듯 꽃단장하는 분꽃차.
저녁밥도 미룬 채 날이 어두워지도록 채취합니다.

분꽃은 한여름 내내 볼 수 있는 꽃입니다. 분꽃 씨 안에 있는 하얀 가루를 얼굴에 바르는 분처럼 썼다고 붙인 이름입니다. 아파트 화단에서 분꽃씨 몇 개 받아와 두 해 번식시켜 이제야 꽃차를 만들 수 있게 되었습니다. 연일 마구 피는 꽃에 하루 종일 꽃 따라 종종걸음 칩니다. 분꽃은 해가 질 무렵 꽃이 피었다가 다음날 해가 뜨면 꽃잎을 오므립니다. 매일 저녁때면 새로운 꽃을 피웁니다. 그 옛날 어머니들은 분꽃이 필 때 저녁밥을 준비했으니 꽃시계였지요.

노랑코스모스가 오므라들기 시작하면 분꽃이 피기 시작합니다. 노랑코스모스꽃차를 만들고 저녁식사를 미룬 채 분꽃이 피는 대로 잰걸음으로 날이 어두워지도록 채취합니다. 다음날이면 채취한 분꽃이 오므라지므로 채취 후에 바로 꽃차를 만듭니다. 꽃이 오므라들면 꽃술 제거가 힘들고 꽃차를 우릴 때 차색이 덜 우러납니다. 꽃시계 분꽃 따라 제 손길도 빨라집니다.

● 햇빛 알레르기가 있어서 분꽃 추출액을 발랐더니 가려움증이 없어졌습니다. 분꽃은 종기, 악성종기, 옴, 버짐 치료에 효과가 있으며 뿌리와 잎, 열매를 모두 약재로 씁니다. 뿌리(자말리근)는 이뇨, 열을 없애주고, 피를 잘 돌게 하고 급성관절염 치료에 효능이 있습니다. 잎(자말리엽)은 베인 상처, 허약증, 상처의 독, 옹창 치료에 효과가 있으며, 열매(자말리자)는 기미, 주근깨, 여드름 치료에 도움이 됩니다. 열매의 백분은 화장품 원료로 씁니다.

만드는 법

1. 개화가 시작되면 씨방과 같이 꽃을 채취하여 꽃술을 제거합니다.
2. 팬에 한지나 면 보자기를 깔고 서로 붙지 않게 저온에서 꽃을 올려놓습니다.
3. 한쪽 면이 마르면 집게로 뒤집어서 건조시킵니다. 꽃잎이 얇아 잘 부스러지므로 조심히 잘 다뤄야 합니다.
4. 온도를 올려 한지를 흔들며 덖음과 식힘을 3~5회 반복합니다.
5. 재워서 잔여수분을 완전히 제거합니다.
6. 뚜껑을 덮어 수분 유무 확인한 후 향매김합니다.
7. 밀폐용기에 담아 그늘에서 보관합니다.

계곡 물소리, 매미 소리, 새소리 들으며

아마란스꽃차

꽃가지를 자르고 훑으면서 계곡 물소리, 매미 소리, 새 소리를 듣습니다.
신선놀음입니다.

무더운 날씨에 팬 앞에서 덖을 엄두가 나지 않습니다. 열매가 익으면 꽃차용으로 사용하지 못하니 일단 꽃가지를 잘라 계곡으로 갑니다. 꽃가지를 자르고 훑으면서 계곡 물소리, 매미 소리, 새 소리를 듣습니다. 이게 신선놀음이지요. 일단 꽃을 손질하여 저온창고에 넣어둡니다.

다음날 비가 와서 꽃 채취를 하지 못해 아마란스꽃차를 만듭니다. 비오는 날 아마란스꽃차 만들기를 시작하면 당일에 마무리해야 합니다. 덖다가 중간에 그만두면 수분을 머금어 꽃잎이 탈색돼 쓰지 못하기 때문입니다. 다섯 판에 아홉 번씩 마흔 다섯 번 덖어서 마무리합니다. 삼복 더위에 오랜 시간 작업을 하니 이마와 등줄기에서 땀이 송글송글 맺힙니다.

차를 우린 색이 예뻐서 색내기용으로 다양하게 활용하기에 좋습니다. 아마란스의 씨앗은 잡곡밥, 샐러드, 시리얼, 과자에 들어갑니다. 잎과 줄기는 나물, 볶음요리, 국물요리에 쓰입니다. 꽃과 잎은 허브차를 만들고, 염료, 식용 색소로 활용합니다.

● 아마란스꽃차는 항산화, 항암, 면역력 증가, 노화 방지, 피부미용, 성인병 예방에 효과가 있습니다. 특히 당뇨, 고혈압, 동맥경화, 고지혈증 치료에 효능이 있습니다.

만드는 법

1. 꽃을 자르고 훑어서 이물질을 제거합니다.
2. 팬에 온도를 올리고 면장갑, 비닐장갑, 면장갑 순서로 3겹을 끼고 찌듯이 덖은 후 유념합니다.
3. 덖음과 식힘을 9회 반복합니다. 식힐 때 부채를 이용하여 열기를 빨리 뺍니다.
4. 재워서 잔여수분을 완전히 제거합니다.
5. 뚜껑을 덮어 수분 유무 확인한 후 향매김합니다.
6. 밀폐용기에 담아 그늘에서 보관합니다.

쑥꽃 한 다발 들고 더위를 피해

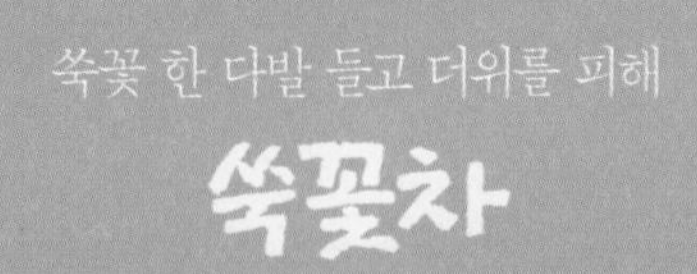

쑥꽃차

쑥도 예쁜 꽃을 피웁니다.

관심을 가져야 비로소 보이는 작은 꽃 세상입니다.

올해 쑥꽃은 채취 시기를 적기에 맞췄습니다. 쑥이 예쁜 꽃을 피운다는 사실을 꽃차를 만들며 알게 되었습니다. 작은 꽃이라 보지를 못했던 것이지요. 관심을 가져야만 비로소 보이는 것이 있습니다. 쑥의 실체를 알기까지 꽤 오랜 시간이 걸린 셈이지요.

쑥꽃은 꽃이 활짝 피기 전에 채취합니다. 쑥꽃 한 다발 들고 더위를 피해 계곡으로 갑니다. 꽃을 채취하고 다듬는 일을 남편이 도와주니 일감이 반으로 줄어듭니다. 훑은 가지를 묶어 작은 발처럼 엮는 것 역시 남편의 일입니다. 제법 그럴 듯한 작은 인테리어 하나가 완성되었습니다. 방안 흙벽에 걸어두니 외갓집 풍경이 떠오릅니다. 쑥대 한 아름 잘라다가 마당에 모깃불로 피우던 유년의 뜰에 쑥 향기가 가득합니다. 여름에 손님이 찾아오면 마당에 둘러 앉아 쑥대로 모깃불을 피웠던 시절로 돌아가기도 합니다.

단군신화에서 곰은 마늘과 쑥을 먹고 그토록 원하는 인간의 몸을 받았지요. 쑥의 신비한 효능 때문일까요? 쑥은 차와 술, 음식 등으로 다양한 먹을거리로 활용되어 우리나라 사람은 쑥의 쓰임을 향유합니다. 그래서 꽃말이 평안일까요?

● 쑥은 만병통치약처럼 오래전부터 약용되었습니다. 천식, 진해鎭咳, 거담去痰 치료에 효능이 있습니다. 건위健胃작용, 부인병 예방, 면역력 증가, 해독작용, 피로 해소에 좋습니다. 또 신경통 완화, 감기 예방, 항산화작용, 콜레스테롤 저하, 혈압과 동맥경화 예방, 항암 효과가 있습니다. 복통, 구토, 습진, 부스럼 치료에 좋습니다.

만드는 법

1. 쑥꽃은 개화 전 적기에 채취하여 준비합니다.
2. 꽃을 훑어서 이물질을 제거하여 준비합니다.
3. 장갑을 끼고 덖음과 식힘을 9회 반복합니다.
4. 재워서 잔여수분을 완전히 제거합니다.
5. 뚜껑을 덮어 수분 유무 확인한 후 향매김합니다.
6. 밀폐용기에 담아 그늘에서 보관합니다.

흔한 꽃이라 무심히 보아왔는데

맨드라미(계관화)꽃차

맨드라미 붉은 볏 같은 꽃은 높은 기개가 흐릅니다.
얇은 비단이기보다는 두툼한 명주라 노래한 시인도 있습니다.

어릴 적 동네에서 흔히 볼 수 있었던 꽃입니다. 닭의 볏을 닮았다고 해서 계관화鷄冠花라고도 합니다. 예전이나 지금이나 주변에 흔히 볼 수 있는 꽃이라 귀하게 여기지 않았습니다. 줄기 끝에 꽃이 피는 맨드라미는 두툼한 부피감에 이질감을 느낄 수도 있겠지만 얇은 비단이기보다는 두툼한 명주라 노래한 시인이 있습니다. 붉은 볏 같은 맨드라미에 높은 기개가 흐르는 듯이 보입니다.

어느 해인가 마을길로 산책을 갔다가 담장 밑으로 실하게 큰 맨드라미를 보고 그만 어찌나 탐이 나던지 주인 몰래 몇 송이를 꺾어 왔던 기억이 있습니다. 하필 그날 비닐봉지가 왜 주머니에 있었는지 모르지만 터질 듯 눌러 담고 서둘러 돌아왔습니다. 생각해 보면 산책을 나갈 때면 혹시나 하는 마음에 비닐주머니를 챙기는 버릇이 그날 이후 생겨난 듯합니다.

꽃차 만들면서 주변에서 맨드라미꽃을 볼 때마다 씨앗을 채취하여 봄에 파종했더니 꽃 모양이 제각각입니다. 소담하게 핀 맨드라미에는 빛이 꽃 속까지 못 들어가 속은 하얀 채 벌레가 끓었습니다.

● 맨드라미꽃차를 마실 때 잔털이 들어가지 않게 거름망을 이용하여 걸러 마셔야 합니다. 맨드라미는 꽃과 씨앗, 줄기, 잎 모두 약용됩니다. 맨드라미는 지사제, 안질환제로 쓰이고 지혈에 효능이 있습니다. 하혈, 이질, 대하, 월경 과다, 토혈 치료에도 효과가 있습니다. 특히 항노화, 항산화에 효과가 있습니다.

만드는 법

1. 꽃잎 부분만 잘라 이물질을 제거하고 5mm 크기로 찢습니다.
2. 3중 장갑을 끼고 찌듯이 덖어서 유념합니다.
3. 덖음과 식힘을 9회 반복합니다. 식힐 때 부채를 이용하여 열기를 빨리 뺍니다.
4. 재워서 잔여수분을 완전히 제거합니다.
5. 뚜껑을 덮어 수분 유무 확인한 후 향매김합니다.
6. 체망을 이용하여 잔털을 제거하고 밀폐용기에 담아 그늘에서 보관합니다.

■ 주의 : 꽃차를 마실 때 잔털이 들어가지 않게 거름망을 이용하여 걸러 마십시오.

늦게 씨앗을 뿌렸지만 예쁘고 튼실한

천일홍꽃차

꽃피어서 천 일, 말린꽃으로 천 일,

꽃차로 다시 태어나서도 천 일. 천일홍의 한결같은 마음.

모종판과 하우스 시설이 없어 봄에 노지에 씨앗을 뿌렸습니다. 꽃시장에서 천일홍꽃 모종이 일찍 나오지만 홍천의 영하의 날씨에 모종을 너무 일찍 사서 심으면 얼어 죽을 수도 있습니다. 노지에 씨앗을 뿌려두면 좀 늦고 더디기는 해도 날씨와 기온에 맞춰 싹이 트고 잎이 올라옵니다. 그런데 천일홍이 가장 늦게 싹을 틔워 크지도 못한 채 잡초와 뒤엉켜 구분이 안 됩니다. 비온 뒤 잡초 속에서 골라 캐내어 꽃밭으로 옮겨 심습니다. 늦기는 했지만 예쁘고 튼실하게 잘 자랍니다.

천일홍은 한여름에서 늦가을까지 꽃피워 우리에게 즐거움을 줍니다. 천 일 동안 붉다고 하여 천일홍이라 합니다. 건조화를 만들어도 색이 오랫동안 변하지 않고, 여러 번 찻물을 우려내도 차색에 변화가 없습니다. 꽃피어서 천 일, 꽃차로 다시 태어나서도 천 일. 천 일 정도면 변화의 기미를 보일 법도 한데 말입니다. 천일홍의 한결같음이 마음에 듭니다.

● 천일홍꽃차는 단열, 기침, 천식, 거담去痰, 진해鎭咳, 돌발적 두통 치료에 효과가 있습니다. 눈이 아프고 숨이 차며 기침이 날 때도 치료에 좋습니다. 특히 백일해, 이질, 소아 경기, 창상, 눈 통증 치료에 효과가 있습니다.

만드는 법

1. 꽃모양이 동그래지면 채취합니다.
2. 팬에 한지나 면모를 깔고 저온에서 꽃을 올려놓습니다.
3. 한지나 면 보자기를 들썩여 골고루 건조시킵니다.
4. 온도를 올려 종이 주걱을 이용하여 팬에서 직접 덖거나 한지를 흔들며 덖음과 식힘을 3~5회 반복합니다.
5. 재워서 잔여수분을 완전히 제거합니다.
6. 뚜껑을 덮어 수분 유무 확인한 후 향매김합니다.
7. 밀폐용기에 담아 그늘에서 보관합니다.

꽃잎으로, 통꽃으로

메리골드(만수국)꽃차

오래 피어있어 만수국萬壽菊입니다.

하지만 살둔마을에 앞당겨온 찬 기운이 꽃 이름을 이겨 아쉽습니다.

메리골드꽃이 한창입니다. 메리골드는 여름부터 가을 서리가 내리기 전까지 핍니다. 오래 피어있다고 해서 만수국萬壽菊이라고 이름이 붙었습니다. 주황색, 노란색, 빨간색으로 꽃색이 예쁘고 특유의 냄새로 해충이 끓지 않아서 정원용, 거리 장식용으로 많이 심습니다.

메리골드는 송이째 꽃차를 만들어도 좋고 꽃잎만 따서 만들어도 좋습니다. 꽃잎만 차로 만들면 만드는 시간이 짧고 다관을 이용하여 우려야 합니다. 통꽃으로 만들면 시간이 오래 걸리지만 찻잔에 바로 우려 마실 수 있어 편리합니다. 일부는 꽃잎으로, 일부는 통꽃으로 꽃차를 만듭니다. 올해는 홍천 살둔마을에 10월 초 첫서리에 꽃이 모두 얼어서 꽃 채취를 일찍 끝내 아쉽습니다. 오래 핀다는 뜻에서 붙여진 이름인데 꽃 이름이 앞당겨온 찬 기운을 이기지 못해 안타깝습니다.

● 메리골드는 염료 및 향료의 재료로써 많이 이용됩니다. 루테인 성분이 함유되어 눈 보호에 도움을 주며 망막의 기능을 촉진합니다. 열을 내리고, 화담火痰, 소아 경풍, 감기 기침, 백일해, 급성 유선염, 유행성 이하선염耳下腺炎 치료에 효과가 있습니다.

만드는 법

1. 아침 이슬이 마른 뒤 꽃술이 피기 전 바로 핀 꽃을 채취합니다.
2. 팬에 한지나 면 보자기를 깔고 저온에서 꽃을 놓습니다.
3. 한쪽 면이 마르면 꽃을 뒤집어서 건조시킵니다. 꽃이 두꺼워 골고루 뒤집어서 건조시킵니다.
4. 온도를 올려 종이 주걱을 이용하여 팬에서 직접 덖거나 한지를 흔들며 덖음과 식힘을 3~5회 반복합니다.
5. 재워서 잔여수분을 완전히 제거합니다.
6. 뚜껑을 덮어 수분 유무 확인한 후 향매김합니다.
7. 밀폐용기에 담아 그늘에서 보관합니다.

제3장

씨를 받아 심었던

가을꽃을 활용한 꽃차 만들기

코스모스꽃차·산국꽃차·구절초꽃차·국화차

팬지(삼색제비꽃)꽃차·백화(모듬)꽃차

가을이면 매혹되는

코스모스꽃차

녹록치 않은 자태로 가을을 한껏 꾸미는 코스모스.
소녀의 순정인듯 찬가讚歌를 부르고 싶은 마음입니다.

가을은 코스모스의 계절입니다. 팬 위에 올린 코스모스와 한지를 보니 추석 명절 즈음에 구멍 난 문에 창호지를 새로 바르던 기억이 납니다. 문살에 붙은 창호지를 떼느라 한바탕 곤욕을 치렀지요. 문짝을 떼어 물을 뿌려 불리고 창호지를 떼는 일은 온전히 제 몫이었습니다. 손톱으로 긁고 솔로 문질러 깨끗이 떼고 말리곤 했습니다. 문고리 부분에 코스모스꽃을 넣어 창호지를 덧대어 바르면 얼마나 예쁘고 곱던지 그 매혹에 빠져 추석을 기다리곤 했습니다. 이제는 꽃잎으로 장식할 창호지 문이 없으니 장식용 문에라도 해봤으면 합니다.

코스모스는 씨가 퍼져서 자라고 특별한 관리를 하지 않아도 잘 자랍니다. 지금은 품종이 개발되어 예전처럼 가을에만 볼 수 있는 것은 아닙니다. 코스모스가 바람에 흔들리는 모습이 수줍음 타는 것처럼 보여서 꽃말이 '소녀의 순정'일까요? 흔한 탓에 오래 시선을 주지 않은 서러움에 대한 저항의 몸부림일까요? 여리고 가냘픈 몸으로 산들바람을 받아내며 흔들리지만 결코 꺾이지는 않습니다. 녹록치 않은 자태로 가을을 한껏 꾸미는 코스모스를 향해 찬가讚歌를 부르고 싶은 마음입니다.

● 꽃과 줄기는 약재로 쓰며 코스모스꽃차는 눈이 충혈 되고 아픈 증세를 치료하는데 효능이 있습니다. 특히 열을 내리고, 종기를 치료하는데 효과가 있습니다.

만드는 법

1. 꽃술이 피기 전 바로 핀 꽃을 채취합니다.
2. 팬 위에 한지나 면 보자기를 깔고 저온에서 꽃을 얹어놓습니다.
3. 한쪽 면이 마르면 집게로 뒤집어서 건조시킵니다.
4. 온도를 올려 한지를 흔들며 덖음과 식힘을 3~5회 반복합니다.
5. 재워서 잔여수분을 완전히 제거합니다.
6. 뚜껑을 덮어 수분 유무 확인한 후 향매김합니다.
7. 밀폐용기에 담아 그늘에서 보관합니다.

돌담 귀퉁이에 한 뿌리 있어

산국꽃차

은행나무가 하늘을 향해 황금날개를 펼치고
땅에서는 산국이 가을을 노랗게 물들입니다.

은행나무가 하늘을 향해 황금날개를 펼치고 땅에서는 산국이 가을을 노랗게 물들입니다. 산국은 콩만 한 노란 국화입니다. 꽃대 위에서 여러 갈래로 갈라져 여러 송이가 무리지어 피어있습니다. 돌담 귀퉁이에 한 뿌리가 있었는데 양이 적고 채취도 힘들어 올봄에 십여 그루 꺾꽂이하여 밭 귀퉁이에 심었습니다. 가뭄에도 잘 자라서 다행히 꽃차를 만들 수 있습니다. 들에 피는 꽃을 채취하는 것도 좋지만 직접 키워 적기에 맞춰 한 송이씩 채취를 하니 보람이 더욱 있습니다. 십여 그루 되는 산국에 꽃송이가 작아 오후 내내 꽃을 채취했지만 양이 적습니다. 봄부터 꺾꽂이하여 물주고 정식定植하여 키워서 애틋합니다.

증제蒸製하고 덖는 동안 꽃향이 넘실거립니다. 산국은 쓴맛이 강하다고 알려져 있는데 재배를 해서인지 실제 쓴맛은 없고 차 맛과 차향이 깊고 부드럽습니다. 말린 산국꽃 한줌을 베개에 넣어두면 은은한 국화향을 음미할 수 있습니다.

● 산국꽃차는 혈압 강하, 항균작용, 해열작용, 진정, 해독에 좋습니다. 특히 부은 상처를 치료하고, 감기로 생긴 고열, 기관지염, 두통, 현기증, 고혈압, 위염, 구내염, 임파선염, 눈 충혈, 눈이 부은 증세, 악성종기 치료에 효과가 있습니다.

만드는 법

1. 바로 핀 꽃을 한 송이씩 채취합니다.
2. 감초와 대추 달인 물이나 소금물을 넣고 찜기에 쪄주고 채반에 널어 수분을 증발시킵니다.
3. 팬 위에 한지나 면 보자기를 깔고 저온에서 꽃을 펼쳐놓습니다.
4. 한쪽 면이 마르면 한지나 면 보자기를 들썩여 골고루 건조시킵니다.
5. 온도를 올려 종이 주걱을 이용하여 팬에서 직접 덖거나 한지를 흔들며 덖음과 식힘을 3~5회 반복합니다.
6. 재워서 잔여수분을 완전히 제거합니다.
7. 뚜껑을 덮어 수분 유무 확인한 후 향매김합니다.
8. 밀폐용기에 담아 그늘에서 보관합니다.

여성을 위한

구절초꽃차

줄기 끝에 한 송이씩 꽃이 핍니다. 꽃말은 어머니의 사랑.
구절초꽃차는 여성의 차입니다.

음력 9월 9일에 꺾는다고 해서 구일초九日草라고 합니다. 9월 9일에 꺾으면 약효가 뛰어나다고 하여 구절초九節草라고도 하며 그날에 구절초를 뜯는 풍속이 있었다고 전해집니다. 몸을 따뜻하게 하는 성질이 있어 부인병 치료에 좋다고 하여 선모초仙母草라고도 부릅니다. 여성에게 이롭게 한다고 해서 그 꽃말이 어머니의 사랑인가 봅니다.

줄기 끝에 한 송이씩 꽃이 핍니다. 사무실 화단에서 솎아서 모종을 심습니다. 벌초 길에 산에서 캐온 모종입니다. 몇 포기 되지 않았던 구절초가 많이 번식해 이제 꽃차를 만들 수 있습니다. 구절초꽃을 채취할 때 가을바람이 솔솔 불어오면 구절초꽃과 향기에 취해 꽃 채취를 잊어버리곤 합니다. 구절초가 환경에 구애되지 않고 피는 무난한 성질과 강한 생명력을 가진 덕분입니다. 꽃차 만들기를 완성하여 꽃을 한 송이씩 집게로 병 입구까지 옮기면서 꽃잎이 부스러질까 여간 조심스럽지 않습니다.

● 구절초의 잎, 줄기, 뿌리는 모두 약재로 씁니다. 여성의 차로 알려져 있듯 구절초꽃차는 생리 불순, 생리통, 자궁 출혈, 냉증, 여성병, 불임증 치료에 효과가 있으며 치풍, 위장병, 소화불량 치료에도 좋습니다. 구절초를 말려서 베개 속에 넣으면 두통과 탈모, 머리카락이 세는 것을 방지해 줍니다.

만드는 법

1. 아침에 이슬이 마른 뒤 꽃술이 피기 전 채취합니다.
2. 찜기 위에 한지나 면 보자기를 깔고 저온에서 얹어놓습니다.
3. 한쪽 면이 마르면 꽃을 뒤집어서 건조시킵니다.
4. 팬으로 옮겨 감초와 대추 달인 물로 스프레이를 이용해 뿌리고 건조시키기를 3~5회 합니다.
5. 온도를 올려 한지를 흔들며 덖음과 식힘을 3~5회 반복합니다.
6. 재워서 잔여수분을 완전히 제거합니다.
7. 뚜껑을 덮어 수분 유무 확인한 후 향매김합니다.
8. 밀폐용기에 담아 그늘에서 보관합니다.

꽃피기를 기다리는 아쉬운 가을

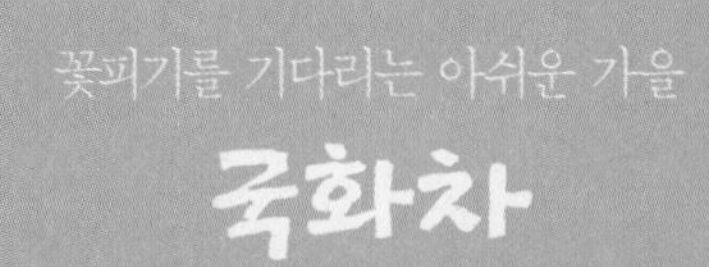

국화차

가을 서리 맞으며 피는 국화. 선인들이 보았던 고고한 기품과 절개입니다.
꽃차의 기본입니다.

우연히 어느 카페에서 마셨던 국화차를 잊을 수 없습니다. 이미 커피 두 잔을 마신 후라 메뉴판을 보다가 국화차가 눈에 들어 왔지요. 앙증맞은 유리 다관에서 꽃으로 다시 피는 광경을 고스란히 지켜보는데 차 맛보다는 꽃을 우리는 과정이 눈에 더 들어왔습니다. 식용 국화가 있다는 것도, 꽃을 차로 마시는 것도 새롭게 경험한 날이었습니다.

꽃차 만들며 스무 포기로 시작한 모종이 이제는 충분히 번식해 모종 나눔도 할 수 있게 되었습니다. 봄이면 땅 속 뿌리에서 새순이 많이 올라옵니다. 뿌리를 덩어리 채로 캐서 새순을 한 포기씩 나누어 심으면 가을에 풍성한 꽃을 볼 수 있습니다.

국화는 꽃차의 기본이 되는 꽃입니다. 가장 많이 심어 꽃차를 넉넉히 만들어서 꽃차 선물을 하며 나눌 수 있어 뿌듯합니다. 예년보다 좀 더 많이 심어 봄부터 애지중지 키웠는데 늦게 개화했습니다. 몇 해 전부터 국화를 재배하면서 이렇게 늦게 꽃피운 적이 없었는데 아쉽습니다. 게다가 일찍 찾아온 추위에 꽃이 그만 얼어 까매졌습니다. 봄여름에 예년보다 예쁘게 피는 꽃을 보며 신이 났는데 가을에 상한 국화를 보니 기운이 빠집니다. 덜 상한 꽃송이를 골라서 차를 만듭니다. 조금 밖에 만들지 못하는 국화차라 더 귀하고 맛도 으뜸입니다.

● 국화차는 비타민C를 많이 함유하고 있어 신진대사를 촉진시켜서 감기를 예방하는데 탁월한 효능이 있습니다. 그리고 두통, 기침, 고혈압, 위염, 장염, 신경통, 복통, 현기증, 어지럼증 치료에 효과가 있습니다. 국화차에 함유돼 있는 카로틴 성분은 눈 충혈, 눈이 침침한 증상, 눈 기능 개선에 도움을 줍니다.

만드는 법

1. 꽃이 2/3정도 개화했을 때 채취하여 그늘에서 하루 정도 펼쳐놓아 수분을 증발시킵니다.
2. 감초와 대추 달인 물이나 소금물을 넣고 증기에 쪄서 채반에 널어 수분을 증발시킵니다.
3. 팬 위에 한지나 면 보자기를 깔고 저온에서 꽃을 펼쳐놓습니다.
4. 한쪽 면이 마르면 한지나 면 보자기를 들썩여 골고루 건조시킵니다.
5. 온도를 올려 종이 주걱을 이용하여 팬에서 직접 덖거나 한지를 흔들며 덖음과 식힘을 3~5회 반복합니다.
6. 재워서 잔여수분을 완전히 제거합니다.
7. 뚜껑을 덮어 수분 유무 확인한 후 향매김합니다.
8. 밀폐용기에 담아 그늘에서 보관합니다.

합창하듯 도리도리하듯

팬지(삼색제비꽃)꽃차

합창하듯 도리도리하듯 햇빛을 따라 한 방향을 향하는 팬지꽃.
그를 향한 사랑도 여기 저기 무던합니다.

봄에 피는 팬지꽃이 무더운 여름을 잘 견디고 다시 꽃을 피우기 시작합니다. 여름이 되면 줄기가 말라 대부분 죽는데 살둔마을 날씨 때문인지 시들하던 팬지가 다시 살아났습니다. 선선한 가을바람이 불자 색이 더 선명하고 향도 한층 짙습니다. 합창하듯 도리도리하듯 햇빛을 따라 한 방향을 향하고 있습니다. 대부분 팬지꽃은 2색 이상 색채 대비를 이루며 핍니다. 삼색제비꽃을 기초로 다양한 종과 교배해 노란색과 보라색을 비롯해서 다양한 색과 크기로 품종이 개발되어 왔습니다. 어느 환경에서나 잘 자라고 번식력도 좋아서 관공서 등지에서 가장 많이 심는 관상용 꽃이기도 합니다. 팬지꽃이 무던히 사랑받고 있다는 것을 증명하는 것이지요.

밭고랑에 바짝 붙어 앉아 한 송이씩 채취합니다. 한참을 앉아 있으니 허리가 아파옵니다. 꽃을 채취하여 손질하는 시간이 꽃차 만드는 과정 중 50% 이상 비중을 차지합니다. 채취하기가 버거울 때는 그냥 꽃을 사서 하면 쉬울 텐데 하는 생각도 해봅니다. 혼자 마음속으로 한 말인데 팬지꽃이 들었는지 자기를 보아달라는 듯 일제히 손사래를 칩니다.

● 팬지꽃차는 항염, 항산화, 노화 방지, 혈당 강하, 심장병 예방, 신경 안정에 효과가 있습니다.

만드는 법

1. 바로 핀 꽃을 채취 후 줄기를 잘라 손질합니다.

2. 팬 위에 한지나 면 보자기를 깔고 저온에서 꽃을 엎어놓습니다.

3. 한쪽 면이 마르면 집게로 뒤집어서 건조시킵니다.

4. 온도를 올려 한지를 흔들며 덖음과 식힘을 3~5회 반복합니다.

5. 재워서 잔여수분을 완전히 제거합니다.

6. 뚜껑을 덮어 수분 유무 확인한 후 향매김합니다.

7. 밀폐용기에 담아 그늘에서 보관합니다.

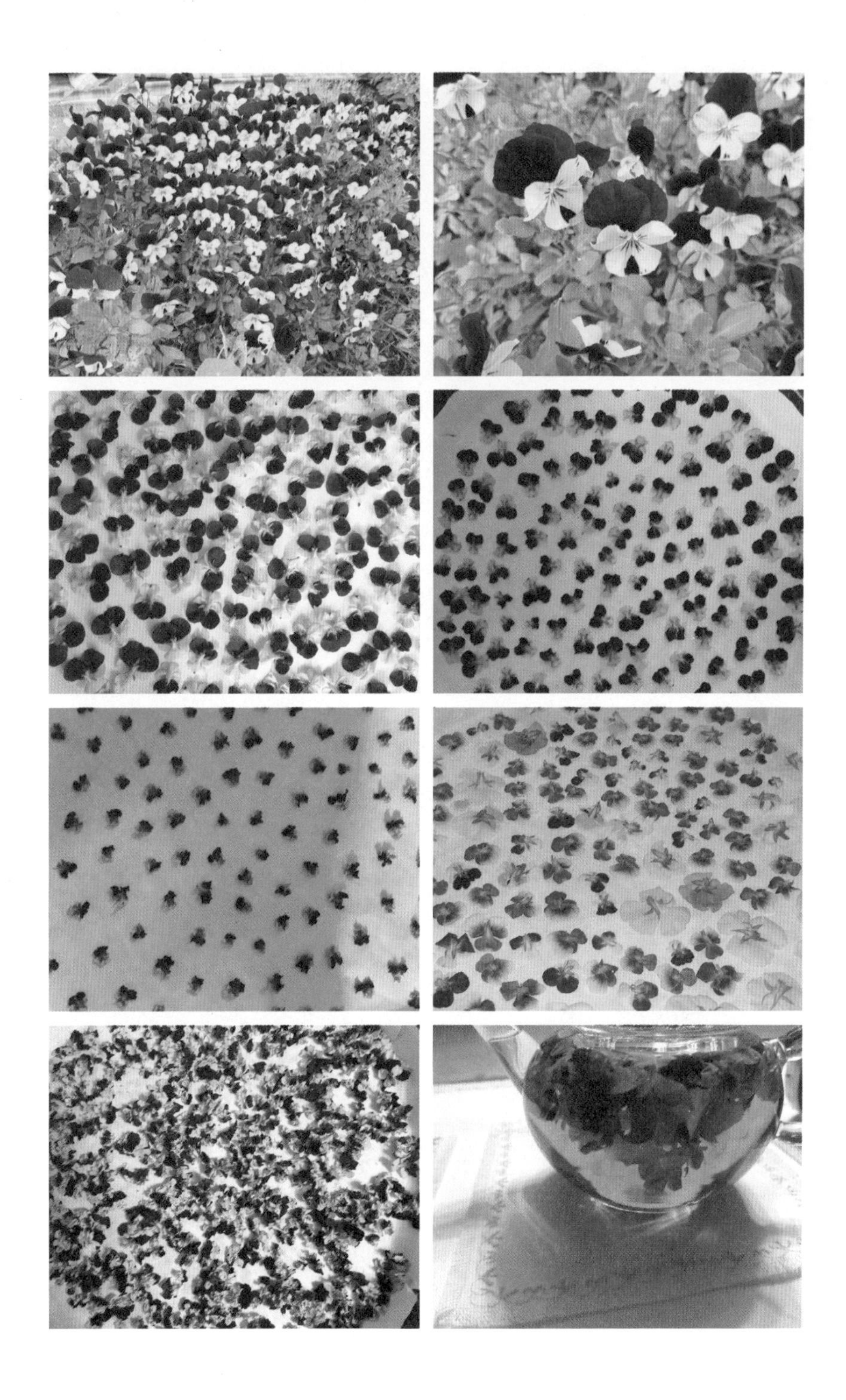

계절마다 꽃의 부름을 받고
백화(모듬)꽃차
백화차百花茶는 살둔마을 꽃차살이의 자존심입니다.
자연의 이치대로 살라는 꽃의 신탁입니다.

일 년간 꽃농사를 짓고 수확하여 곡간에 가득 채워 놓았습니다. 곡간은 비록 작지만 지난 일 년 시골살이의 결실입니다. 뿌듯함을 느끼며 백화차를 만들어봅니다. 백 가지, 많은 종류의 꽃이라 하여 백화차百花茶라 합니다. 홍천 살둔마을에서 계절마다 만난 꽃으로 백화차를 만드니 시골살이 일 년이 주마등처럼 스쳐지나갑니다. 같은 토양과 같은 기후 조건, 같은 채취 시기라도 해도 차를 만드는 사람의 솜씨에 따라 차 맛이 다릅니다. 꽃차살이의 자존심으로 최고의 꽃차를 만들고자 했습니다. 꽃의 부름에 귀 기울이며 꽃의 신탁神託을 따른 것은 자연의 이치대로 살라는 덕목을 배웠기 때문입니다.

꽃의 소리를 들으러 귀를 가까이 대면 내 귀는 산만큼 커지고, 꽃에 가까이 얼굴을 대면 꽃의 숨결과 내 숨결이 한 호흡으로 이어집니다. 그 순간, 우주에 꽃과 나만 존재하는 듯하다가 홀연히 하나가 된 듯합니다.

그렇게 채취했던 꽃이 꽃차로 다시 태어납니다. 제 손끝에서 한세상이 열리는 신비로움입니다. 꽃차 한 잔을 음미하는 시간은 정화의례淨化儀禮입니다. 꽃과 나무를 한결같이 어루만지는 햇빛이 없었던들, 시원한 바람이 없었던들 꽃이 피었을 리 없었겠지요. 감사하는 마음과 하심下心이 절로 일어납니다. 찬미하노라! 꽃차여! 꽃다시花茶詩! 백가지 꽃을 다시 피워보렵니다.

제4장

꽃잎 떨어지고 만나는 또 다른 세상

잎차·약차 만들기

찔레순차·벌나무(산청목차)잎차·마가목잎차·가시오가피잎차·갈대잎차
익모초잎차·한련화잎차·자소엽(차조기)차·산사(아가위)차·단풍잎차
가시오피열매차·조릿대잎차·솔잎차·연근차·유자쌍화차

어릴 적 먹던

찔레순차

'찔'레의 글자는 송곳을 마주 세우고 있는 형상 같아 찌르는 통증까지 전하는 듯합니다. 어릴 적 먹던 찔레순 맛과 향 그대로입니다. 그래서 아픕니다.

꽃차를 만들려고 찔레를 아끼며 자르지 않았습니다. 찔레는 하얀색과 연분홍색 꽃이 피고 은은한 향기가 납니다. 그런데 찔레나무는 가시나무라고 할 정도로 가시가 많습니다. '찔'레의 글자는 송곳을 마주 세우고 있는 형상 같아 보이고 어감 자체가 찌르는 통증까지 전하는 듯합니다. 찔레가 밭으로 뻗쳐 일하는데 자꾸 긁히고 찔려 꽃차 대신 잎차를 만들기로 합니다. 잎을 따서 맛을 보니 어릴 적 먹었던 찔레순의 맛과 향이 그대로입니다. 어릴 적 마당에 토실토실하게 올라온 찔레순을 맛있게 먹었는데 나중에 그 자리에 장미꽃이 피었습니다. 내가 먹었던 것이 찔레순이 아니라 장미꽃순이었습니다. 찔레가 장미의 야생 원종이니 그럴 법도 합니다. 찔레순을 채취할 때 가시에 찔리고 긁힌 데가 덧나는지 욱신거려 깊이 잠들지 못합니다. 식물의 가시는 일반적으로 자기보호를 위한 도구여서 독이 없습니다. 찔려서 생긴 염증과 곪는 병에 찔레나무가 탁월한 치료제가 된다고 하니 만들어서 요긴하게 써야겠습니다.

● 찔레의 어린순은 식용하고 간 질환, 당뇨, 중풍에 효능이 있으며 뿌리는 산후조리와 산후풍, 골절통, 부종, 어혈, 관절염 치료에 효능이 있고 열매는 불면증, 건망증, 성기능 감퇴, 이뇨 치료에 효과가 있습니다.

만드는 법

1. 장갑을 끼고 어린순을 채취하고 씻어서 물기를 제거합니다.
2. 고온에서 덖음과 유념을 3회 합니다.
3. 차가 완성될 때까지 덖음과 식힘을 6회 반복합니다.
4. 재워서 잔여수분을 완전히 제거합니다.
5. 뚜껑을 덮어 수분 유무 확인한 후 향매김합니다.
6. 밀폐용기에 담아 그늘에 보관합니다.

어르신에게 받은 약재 보고寶庫

벌나무(산청목차)잎차

봄이 되어 여기저기 꽃이 피고 잎이 나와 인사하는데, 벌나무도 한몫합니다.
가물가물 생각나지 않는 사람과 반갑게 인사하듯 난처합니다.

살둔마을에 집을 계약한 후에 주인 어르신이 집 주변을 둘러보며 시골살이에 필요한 것들을 알려주셨습니다. 나무며 꽃이름을 일일이 가르쳐주셨지만 모두 기억하지는 못했습니다. 봄이 되어 여기저기 꽃이 피고 잎이 나와서 인사하는데, 마치 알지도 못하고 기억하지도 못하는 사람이 반갑게 인사할 때처럼 난처합니다. 자료를 찾아보고 마을 어르신께 물어보며 하나씩 배운 끝에 꽃과 나무를 오랜 지인처럼 반갑게 인사를 건넬 수 있습니다. 예전 주인 어르신이 가시오가피, 벌나무, 마가목, 헛개나무, 꾸지뽕, 엄나무, 산뽕나무 등 귀한 약재들을 많이 심어 놓아서 저는 덤으로 약재 보고寶庫를 얻게 되어 고마운 마음입니다. 그중에 좋은 약재로 알려진 벌나무로 꽃차, 잎차, 돈차, 가지차로 다양하게 만들어봅니다. 보고寶庫에서 나온 약재가 내 손으로 빚어져서 누군가에게 복되게 쓰이기를 바래봅니다.

● 나뭇가지가 벌집모양으로 생겼다고 해서 벌나무라고 합니다. 그 맛이 담백하여 헛개나무 이상으로 간 질환에 효능이 있다고 알려져 있습니다. 벌나무는 간암, 간경화증, 간염 등 간의 치료약으로 이용합니다. 백혈병, 청혈제, 이뇨제에 효능이 있습니다. 독성이 없어 어떤 체질에도 부작용이 거의 없습니다.

잎차 만드는 법

1. 잎을 다듬어 씻은 후 물기를 제거합니다.

2. 2~3cm 길이로 썹니다.

3. 3중 장갑을 끼고 고온에서 숨죽이듯 잎이 익을 때까지 덖고 유념합니다.

4. 덖음과 식힘을 9회 반복합니다.

5. 재워서 잔여수분을 완전히 제거합니다.

6. 뚜껑을 덮어 수분 유무 확인한 후 향매김합니다.

7. 밀폐용기에 담아 그늘에서 보관합니다.

가지차 만드는 법 ◇

1. 잎을 채취한 가지를 베이킹소다와 수세미를 이용하여 깨끗이 씻습니다,
2. 전지 가위를 이용하여 떡국 모양이로 2~3mm 간격으로 자릅니다.
3. 찜기 위에 소금 한 꼬집 넣고 찐 다음 물기를 건조시킵니다.
4. 덖음과 식힘을 9회 반복합니다.
5. 재워서 잔여수분을 완전히 제거합니다.
6. 뚜껑을 덮어 수분 유무 확인한 후 향매김합니다.
7. 밀폐용기에 담아 그늘에서 보관합니다.

살둔마을에 짧은 봄 따라 종종걸음

마가목잎차

말의 이빨처럼 힘차게 새순 돋는 마가목馬家木.
살둔마을 짧은 봄에 바삐 만납니다.

새순이 힘차게 돋아 말의 이빨과 같다고 하여 마아목馬牙木이라 불렀는데 지금은 마가목馬家木이라고 부릅니다. 마가목은 봄에 하얀 꽃을 피우고 가을에는 앙증맞은 빨간 열매를 맺습니다. 갑자기 여기저기 난리가 난 듯 꽃이 피고 새싹이 올라옵니다. 채취 시기를 놓치면 일 년을 또 기다려야하기 때문에 부지런히 채취해도 미처 채취하지 못하고는 지나가는 것이 많습니다. 살둔마을은 봄이 늦게 시작되니 짧은 봄에 더 바쁩니다.

마가목잎을 채취하고 쪄서 믹서에 갈아 돈차를 만드는데 믹서기가 고장났습니다. 절구에 찌어 만들어 보지만 마땅치 않아 결국 거금을 들여 큰 믹서기를 준비했습니다. 믹서기가 크니 쓰기도 편하고 시원스레 잘 갈립니다. 조물조물하여 엽전 모양을 만들어 건조시킨 후 발효 숙성이 되면 맛을 볼 수 있습니다.

차茶의 한자는 머리에 풀 초艹가 있고 아래에 나무 목木으로 구성되어 있습니다. 잎과 나무에서 나는 약초藥草가 차茶라는 의미입니다. 약초를 법제하여 약차藥茶를 마시면 몸을 이롭게 하겠지요.

● 마가목잎차는 기관지염, 위장병, 위염, 허약 체질, 거담去痰 치료에 효과가 있고, 강장, 이뇨작용에 쓰이며 흰머리 예방에도 효능이 있습니다.

만드는 법

1. 잎을 손질하고 씻어 수분을 제거합니다.
2. 찜기에 찐 후 그늘에 얇게 펴서 꾸덕꾸덕하게 말립니다.
3. 믹서기에 갈아 동그란 틀에 넣어 엽전 모양을 만듭니다.
4. 팬에서 말린 후 상온에 걸어두면 숙성이 됩니다.
5. 차의 깊은 맛과 살균을 위해 불에 살짝 굽습니다.
6. 다관에 넣고 끓인 물을 부어 우립니다.

인삼보다 약성이 풍부한

가시오가피잎차

가시오가피나무는 멸종위기입니다. 함부로 채취할 수 없는데
옛 집주인이 살뜰히 가꾸어 넘겨주어 고맙게 알뜰히 다룹니다.

가시오가피는 몸 전체에 가늘고 긴 가시가 있고 잎자루 밑부분에도 가시가 있습니다. 한 가지마다 다섯 장의 잎이 손바닥을 편 것 같이 사방으로 뻗쳐있습니다. 여러 오가피나무 중에 가장 약효가 높은 것이 가시오가피이고, 유용한 약성藥性 물질이 풍부해 인삼보다 뛰어난 약용식물로 알려져 있습니다. 오가피에 속하는 다양한 품종이 있는데 오가피와 가시오가피는 모두 한방에서 중풍이나 허약체질 치료제로 써왔습니다. '기적의 약효를 지닌 천연약재'라는 학계의 발표가 있은 후에 가시오가피는 세계인의 관심을 줄곧 받고 있습니다. 우리나라에서도 오래전부터 귀한 약재로 이용했으며 만병통치약처럼 여기고 뿌리와 줄기, 잎과 꽃, 그리고 열매까지 모두 약용했습니다.

가시오가피나무의 뛰어난 약효로 사람들이 마구잡이 채취해 멸종위기에 직면해 지금은 불법채취로 단속하고 있습니다. 지금 거주하는 집의 이전 주인 어르신께서 약재를 많이 심고 살뜰히 가꾸셨던 덕에 가시오가피를 지금껏 다룰 수 있으니 감사한 일입니다. 채취한 잎의 일부는 데쳐서 냉동실에 보관하고 또 일부는 돈차와 잎차로 만듭니다. 어린잎은 나물로 먹는데 쌉싸름한 맛에 입맛이 당깁니다.

● 가시오가피잎차는 혈액 순환을 원활히 하여 어혈을 풀고 근골을 강화하는데 효험이 있습니다. 신경 쇠약, 식욕 부진, 불면증, 고혈압, 저혈압 치료에 효과가 있습니다. 자양 강장과 피로 해소에 좋고 특히 건망증 치료에 효능이 있습니다.

만드는 법

1. 5장씩 붙은 잎을 한 장씩 분리합니다.
2. 깨끗이 씻어 채반에 널어 물기를 제거합니다.
3. 고온에서 덖음과 유념을 3회 반복합니다.
4. 덖음과 식힘을 6회 반복합니다.
5. 재워서 잔여수분을 완전히 제거합니다.
6. 뚜껑을 덮어 수분 유무 확인한 후 향매김합니다.
7. 밀폐용기에 담아 그늘에 보관합니다.

더위 피해 시원한 계곡에 갔다가

갈대잎차

물가에 무리지어 자라는 갈대. 순은 쏙쏙 잘 뽑히고 맛도 달콤합니다.
무조건 채취하여 저장합니다.

더위를 피해 시원한 계곡으로 쉬러 갔다가 갈대순을 보았습니다. 갈대는 하천과 호수, 습지 등에서 무리지어 자랍니다. 갈대는 이름처럼 대나무와 비슷한 면이 있습니다. 마디에서 뿌리가 내리고 녹색 줄기는 비어 있습니다. 뿌리줄기의 마디에서는 황색의 수염뿌리가 납니다.

갈대를 보니 차를 만들 욕심이 납니다. 순을 뽑아 보니 쏙쏙 잘 뽑히고 맛도 달콤합니다. 어릴 적 덜 여문 보리이삭을 뽑아 줄기를 씹어 먹던 기억이 새롭습니다. 매일 피는 꽃을 채취해 꽃차를 만드느라 갈대잎차 만들 시간이 될지 모르지만 견물생심見物生心이라 무조건 채취하여 저장고에 넣어둡니다. 가위질을 오래 하다 보니 손가락에 물집이 잡힙니다. 쳐다만 보고 있던 남편이 다가와 자르는 일을 같이하여 마무리합니다. 비가 오는 날이면 꽃 채취를 못해 저장고에 넣어둔 갈대잎차를 만듭니다. 덖는 동안 구수하고 달콤한 향이 넘실거립니다. 차 맛이 상큼하고 깔끔합니다.

● 한방에서는 갈대를 봄에서 가을 사이에 채취하여 수염뿌리를 제거하고 햇볕에 말려 약재로 씁니다. 갈대잎차는 이뇨, 해독에 효능이 있습니다. 열이 나서 가슴이 답답한 증상, 목이 마른 증상, 구토, 당뇨, 주독, 소염消炎 치료에 효과가 있습니다. 특히 돼지고기, 게, 생선 중독을 완화하는 해독제로 쓰입니다.

만드는 법

1. 오염되지 않은 갈대의 끝순을 뽑아서 준비합니다.
2. 깨끗이 씻어 물기를 제거합니다.
3. 장갑을 끼고 가위를 이용하여 1cm 정도 크기로 잘라줍니다.
4. 덖음과 유념을 3회 반복합니다.
5. 덖음과 식힘을 6회 반복합니다.
6. 재워서 잔여수분을 완전히 제거합니다.
7. 뚜껑을 덮어 수분 유무 확인한 후 향매김합니다.
8. 밀폐용기에 담아 그늘에 보관합니다.

쑥과 비슷하여 베어버린

익모초잎차

익모초益母草는 엄마에게 이로운 풀이라는 뜻이니 여성에게 이롭습니다.
쑥과 비슷하니 다행히 알아본다면 더욱 그렇습니다.

집 앞 둑에 익모초가 예쁘게 자라고 있습니다. 그 잎이 쑥과 비슷하게 생겼습니다. 남편에게 몇 번이고 익모초라고 일렀는데 이번 마을길 제초하면서 싹둑 베어버렸습니다. 마을사람들이 예초기로 풀이 무성하던 입구에서부터 집 앞까지 깔끔하게 정리해주셨습니다. 예초기에 잘린 익모초가 속절없이 여기저기 나뒹굴고 있습니다. 깔끔한 집 앞을 보니 고마운 데 잘려진 익모초를 보니 속상하기도 합니다. 하릴없이 온전한 줄기와 잎을 골라 씻고 다듬어 꽃차 대신 잎차로 만듭니다. 그나마 잎차라도 만들 수 있어서 다행입니다.

익모초를 베어버려 미안했던지 남편은 며칠 후 익모초꽃 한 다발을 건넸습니다. 덕분에 올해는 익모초잎차와 꽃차를 모두 만들게 되었습니다. 예전에 손발이 차 청량리 약재 시장에서 익모초를 사 가지고 와 달여 먹고 효과를 본 적이 있습니다. 식물의 한 생生이 끝난 자리에 다시 잎차로 탄생하여 인간의 생명에 기운을 불어넣어 줍니다.

● 익모초益母草는 엄마에게 이로운 풀이라는 뜻이니 여성에게 이로운 작용을 합니다. 몸을 따뜻하게 해주는 성질이 있으며 어혈을 풀어주고 혈액 순환을 돕습니다. 특히 여성 질병 치료에 효과가 있는 좋은 약초입니다. 혈압 강하, 이뇨작용, 진정, 진통, 혈액 순환, 월경 조절에 효능이 있습니다. 월경통, 월경 불순, 월경이 멈추지 않는 증세, 산후 어혈로 생긴 복통, 산후 지혈, 복통, 자궁 수축, 급성 콩팥염, 혈뇨, 식욕 부진 치료에도 효과가 있습니다.

잎차 만드는 법

1. 잎을 다듬어 씻어 물기를 제거합니다.
2. 1~2cm 간격으로 잘라서 찜기에 찌고 유념합니다.
3. 덖음과 식힘을 9회 반복합니다.
4. 재워서 잔여수분을 완전히 제거합니다.
5. 뚜껑을 덮어 수분 유무 확인한 후 향매김합니다.
6. 밀폐용기에 담아 그늘에서 보관합니다.

그 맛을 못 잊어 또 찾는

한련화잎차

내 것이 아닌 것을 뿌리치는 단호함과 정결함.

한련화 잎에서 고고함을 봅니다.

한련화가 무성하게 잘 자라고 있는데 때 아닌 비와 우박이 쏟아집니다. 김장 배추가 우박의 매운 매질에 찢겨 널브러져 있습니다. 장아찌 만들려고 아껴두었던 한련화의 잎도 상처를 드러낸 채 정신을 잃고 우두커니 서 있었습니다. 잎에 난 생채기를 보니 애달픈 마음에 눈으로 쓰다듬습니다.

작은 연잎 모양의 한련화의 잎은 물방울이나 아침 이슬도 머금지 않고 내칩니다. 떨어지는 물방울에 먼지도 휩쓸려 보냅니다. 내 것이 아닌 것을 뿌리치는 단호함과 정갈함이 있습니다. 자정력自淨力이 높은 한련화의 잎에서 고고함을 봅니다.

삼겹살에 한련화의 잎쌈과 잎짱아찌를 내어놓으면 먼 길 찾아온 손님들이 그 맛을 못 잊어 또 찾아오곤 합니다. 한련화의 잎은 단아한 모양새로 쌈거리 중에서 단연 돋보입니다. 시골살이하며 찾은 손꼽는 먹을거리입니다. 한련화의 잎을 덖을 때 매콤한 향에 눈과 코가 맵습니다. 차 맛은 깔끔합니다.

● 한련화의 꽃, 잎, 줄기, 열매는 식용 가능하며 강장, 혈액 순환, 비뇨기 계통 항생작용, 소화 촉진에 효능이 있습니다. 특히 기침, 감기, 기관지염, 신경통, 괴혈병 치료에 효과가 있습니다.

만드는 법

1. 잎과 줄기를 씻어 물기를 제거한 후 1~2cm 크기로 썹니다.
2. 잎과 줄기를 팬에서 덖음과 식힘을 9회 반복합니다.
3. 재워서 잔여수분을 제거합니다.
4. 뚜껑을 덮어 수분 유무 확인한 후 향매김합니다.
5. 밀폐용기에 담아 그늘에 보관합니다.

■ 덖는 동안 매콤한 향이 있어 환기가 필요합니다. 눈과 코를 자극하므로 등 뒤에 선풍기를 틀고 작업합니다.

식사 후 보리차 대신

자소엽(차조기)차

자소엽은 보라색 깻잎이라고도 합니다.

향이 강하지만 약효가 뛰어납니다. 개운합니다.

자소엽紫蘇葉을 소엽, 차조기, 차즈기라고도 부릅니다. 들깻잎과 비슷하게 생겼습니다. 들깻잎의 꽃은 흰색인데 자소엽은 꽃과 잎, 줄기가 모두 짙은 보라색이어서 '보라색 깻잎'이라고 합니다. 자소엽紫蘇葉의 자紫는 자줏빛. 보라색보다는 자주색에 가까운 잎입니다. 처음에 접할 때는 들깻잎과 다른 특유한 강한 향 때문에 약간 역한 느낌이 있어서 꺼려했습니다. 그런데 지금은 그 향과 맛을 즐기고 있습니다.

향이 짙은 자소엽을 옛날 궁중음식에서 향신료로 이용했으며 식중독 해독제로도 썼습니다. 이 향 성분이 방부와 항균작용을 해서 회 먹을 때 함께 섭취하면 좋습니다. 잎은 카로틴을 많이 함유하고 있어 영양가가 높습니다. 자소엽이 소화기능을 돕고 식후 개운함을 주어서 식사 후 보리차 대신 마시고 있습니다. 자소엽차를 즐겨 마시는 것이 일석이조一石二鳥인 셈입니다.

● 자소엽차는 소화, 해열, 해독, 건위健胃, 태아 안정, 항균, 방부작용, 위장기능 강화, 혈압 강하, 항염, 면역 기능 향상에 좋습니다. 더불어 구토, 설사, 물고기 중독, 헛배 부른 증세, 임산부 구토, 어혈, 진정, 거담去痰, 기침, 만성 기관지염, 위장병 치료에 효과가 있습니다.

만드는 법 ◇

1. 잎을 다듬어 씻은 후 물기를 제거합니다.
2. 2~3cm 길이로 썹니다.
3. 3중 장갑을 끼고 고온에서 숨죽이듯 잎이 익을 때까지 덖고 유념합니다.
4. 덖음과 식힘을 9회 반복합니다.
5. 재워서 잔여수분을 완전히 제거합니다.
6. 뚜껑을 덮어 수분 유무 확인한 후 향매김합니다.
7. 밀폐용기에 담아 그늘에서 보관합니다.

예전부터 귀한 약재

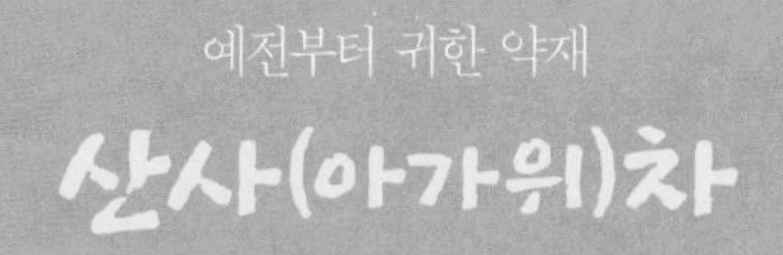

산에서 난 사과라 해서 산사라고 합니다.
귀한 약재이며 먹을거리입니다. 감사한 마음입니다.

산에서 난 사과라 해서 산사라고 합니다. 꽃사과처럼 빨갛게 열매를 맺으며 꼭지 부분에 별 모양이 또렷합니다. 산사에 대해 알기 전에는 꽃사과로 알았는데 워낙 비슷해서 구분하기가 쉽지 않았습니다. 이제는 정확히 구분할 수 있게 되었습니다. 살둔마을 강변길이 끝나가는 곳에 산사나무 군락이 있습니다. 햇살이 오래 머무는 곳이라서 열매도 토실토실합니다.

예전부터 위장약으로서 약효가 뛰어나서 소화제 용도로 많이 이용하는 약재라 차로 만들어놓으면 유용하겠지요. 앵두 크기의 산사를 하나씩 다듬다 보니 현기증이 납니다. 그래도 귀한 재료로 차를 만드니 감사한 마음입니다. 아가위는 시면서 단맛이 납니다. 산사의 잘라 놓은 끄트머리는 설탕에 절여 효소를 담그고 믹서에 갈아 산사 와인도 담습니다.

산사나무는 예로부터 먹을거리 및 약재로 이용되었습니다. 산사나무 껍질과 계피가루, 찹쌀가루를 넣고 꿀을 타서 만드는 산사죽山査粥은 설사나 체증에 효능이 있다고 알려져 있습니다. 산사나무는 한의학적으로 중요한 약재여서 꽃과 잎, 열매 등 쓰이지 않는 곳이 없다고 합니다.

● 산사차는 소화 촉진, 강심작용, 혈액 순환 개선, 혈압 강하, 어혈 제거에 좋습니다. 그래서 고기 먹고 체했을 때, 복통, 구토, 설사, 장염, 위산 과다, 만성 장염, 요통, 출산 후 어혈 복통, 속이 결리고 신물이 넘어오는 증상 치료에 효능이 있습니다. 피부가 가려운 증상에 즙을 내어 바르면 증세가 완화되고 옻 오른 증상에도 효과가 있습니다.

만드는 법

1. 깨끗이 씻어 물기를 제거합니다.
2. 위쪽과 아래쪽을 자르고 다듬어 준비합니다.
3. 팬에 한지나 면 보자기를 깔고 저온에서 건조시킵니다.
4. 온도를 올려 장갑을 끼고 팬에서 덖음과 식힘을 5회 반복합니다.
5. 재워서 잔여수분을 완전히 제거합니다.
6. 뚜껑을 덮어 수분 유무 확인한 후 향매김합니다.
7. 밀폐용기에 담아 그늘에서 보관합니다.

가을 풍경이 떠오르는

단풍잎차

예쁘게 물들어가는 단풍잎은 발그스레한 아기 손바닥 같습니다.
한 장 한 장 조심스럽습니다.

예쁘게 물들어가는 단풍잎은 발그스레한 아기 손바닥 같습니다. 단풍잎을 멀리서 보면 다 예쁘고 깨끗해 보이는데 가까이서 보면 온전하지 못해 차로 만들지 못하는 경우가 많습니다. 마당에 있는 단풍나무는 봄에 가지치기하지 않고 참고 참아 단풍잎차 만들며 가을에 합니다. 꽃차 만드는 나무는 꽃이 개화한 후에 하고 잎차를 만드는 나무는 잎을 채취한 후에 합니다. 주변 나무 하나하나가 차의 재료가 되니 이제는 가지치기를 하려면 꼭 물어 보곤 합니다.

가지치기한 단풍나무를 예쁜 잎만 골라 다듬습니다. 작년에는 단풍잎이 깨끗하지 못해 차를 만들지 못했는데 올해는 예쁜 단풍잎을 만났습니다. 단풍잎은 잎차를 만들 때보다 채취할 때 한 장 한 장 더 조심히 다뤄야합니다. 그래야 잎이 접히거나 찢어지지 않고 원형을 살릴 수 있습니다. 단풍잎 한 잎마다 조심스럽게 다루는 제 정성이 배였을까요? 완성되니 더 예뻐 보입니다. 단풍잎만 우려도 예쁘고 국화차와 함께 우려도 잘 어울려서 찻잔에 가을 풍경이 흐릅니다.

● 단풍잎차는 복통, 무릎 관절염, 통증, 골절상, 소염消炎작용, 해독작용에 효과가 있습니다.

만드는 법

1. 깨끗한 잎으로 잎자루를 잘라 손질합니다.
2. 깨끗이 씻은 후 물기를 제거합니다.
3. 끓는 물에 소금을 한 꼬집 넣고 단풍잎을 데쳐 찬물에 헹굽니다.
4. 물기를 제거하고 멍석 위에 면 보자기를 깔고 밀대를 이용하여 유념합니다.
5. 팬에 한 장씩 올려놓고 단풍잎이 오므라들지 않게 면 보자기나 키친타월로 꾹 눌러주며 덖습니다.
7. 재워서 잔여수분을 완전히 제거합니다.
8. 뚜껑을 덮어 수분 유무 확인한 후 향매김합니다.
9. 밀폐용기에 담아 그늘에서 보관합니다.

새가 먹고 벌레가 먹고 남은

가시오가피열매차

가시오가피는 몸 전체를 내놓고 아낌없이 나누어주는 나무입니다.
알면 알수록 욕심납니다.

봄에 가시오가피 어린잎은 나물로 먹고 차도 만들고 가지와 뿌리는 약재로 씁니다. 가을에 열매는 차와 효소 담그기로 이용합니다. 계절마다 귀한 쓰임새가 있습니다. 새가 먹고 벌레가 먹고 남은 열매를 채취합니다. 가시오가피는 제2의 인삼이라고 할 만큼 효능이 있습니다. 가시오가피는 몸 전체를 내놓고 아낌없이 나누어주는 나무입니다.

둘러보면 보이는 것이 산입니다. 산중턱에을 살펴보면 각종 약재나무가 많은데 유독 가시가 많은 나무가 가시오가피 나무입니다. 그중 몇 그루를 울타리용으로 옮겨 심었는데 해마다 세를 불리더니 이제는 제법 군락을 이루었습니다. 손가락 굵기로 자라면 뿌리에서 새순이 나와 가지로 성장합니다.

이물질이 많아 한 알씩 따고 다듬어 깨끗이 씻어줍니다. 오롯한 열매는 차로 만들고 나머지는 효소로 담급니다. 작년에 담은 발효액을 거르며 맛을 보니 색과 맛이 훌륭해서 보약이 따로 없습니다. 알면 알수록 욕심나는 약재입니다.

● 가시오피열매차는 신경 쇠약, 식욕 부진, 건망증, 불면증, 고혈압, 저혈압 치료에 효능이 있습니다. 특히 자양 강장제, 피로 해소제로 쓰입니다. 학습력 개선, 성기능 개선, 면역력 강화, 항알레르기, 해독, 혈당, 콜레스테롤 저하, 혈전 제거, 항암 치료에 효과가 있습니다.

만드는 법

1. 열매가 익으면 무르기 전에 채취합니다.
2. 한 알씩 분리하여 깨끗이 씻어 물기를 제거합니다.
3. 저온에서 팬 위에 찜기를 놓고 열매를 펼쳐놓습니다.
4. 수분이 70% 제거되면 팬 위에 한지를 깔고 저온에서 건조시킵니다.
5. 온도를 올려 장갑을 끼고 팬에서 덖음과 식힘을 3~5회 반복합니다.
6. 재워서 잔여수분을 완전히 제거합니다.
7. 뚜껑을 덮어 수분 유무 확인한 후 향매김합니다.
8. 밀폐용기에 담아 그늘에서 보관합니다.

시원하고 깔끔한

조릿대잎차

계곡에서 썰매 타며 채취한 조릿대잎입니다. 여름에는
뱀이 나오는 곳이라 가지 못하는데 겨울에는 마음 놓고 돌아다닙니다.

대나무 중에서 가장 작은 대나무가 조릿대입니다. 산중턱의 큰 나무 밑에서 무리지어 자랍니다. 그늘에서도 잘 자라고 추위에도 강합니다. 늘 푸르러서 겨울 경관을 아름답게 하는데 한몫을 합니다. 겨울이면 계곡에서 썰매도 타고 계곡 언덕에 있는 조릿대를 채취합니다. 여름에는 뱀이 나오는 곳이라 가지 못하는데 겨울에는 마음 놓고 돌아다닙니다. 올해는 조릿대가 벌레똥 없이 깨끗합니다. 지난겨울 너무 추웠던 날씨에 벌레들도 겨울나기가 힘들었나 봅니다.

어릴 적 겨울이면 솜씨 좋은 아버지가 뒤란 조릿대로 조리도 만들고 바구니도 만들었습니다. 왕대로는 마을에서 제일 큰 방패연을 만들어 주었습니다. 살둔마을 조릿대는 한 뼘 정도로 키가 작아 아직은 차 밖에 다른 용도를 찾지 못했습니다.

● 조릿대는 인삼을 능가하는 약성藥性이 있어서 조릿대잎차를 달여 마시면 항암 치료에 효과가 있는 약초입니다. 대나무 중에서 약성이 제일 강한 것이 조릿대라고 전해집니다. 조릿대잎차는 시원하고 깔끔한 맛이 납니다. 생강나무가지차와도 잘 어우러져서 싸한 청량한 맛이 납니다. 조릿대잎차는 해열, 이뇨에 좋습니다. 특히 치열, 갈증, 가슴이 답답하고 열이 나는 증세, 구내염, 입이 마르는 증상 치료에 효과가 있습니다.

만드는 법

1. 깨끗한 잎을 골라 장갑을 끼고 가위로 채취합니다.
2. 깨끗이 씻어 물기를 제거합니다.
3. 가위를 이용하여 1cm 길이로 자릅니다.
4. 찜기에 찌고 힘을 주어 강하게 유념합니다. 겨울에 채취한 조릿대잎은 잎이 세어서 절구를 이용하여 찧어도 좋습니다.
5. 덖음과 식힘을 9회 반복합니다.
6. 재워서 잔여수분을 완전히 제거합니다.
7. 뚜껑을 덮어 수분 유무 확인한 후 향매김합니다.
8. 밀폐용기에 담아 그늘에서 보관합니다.

쌓인 눈을 버티지 못해

솔잎차

추운 겨울에도 소나무의 시퍼런 서슬이 도도해 보입니다.
솔잎차 향기가 푸르게 물들입니다.

눈 위로 눈이 쌓입니다. 며칠 째 폭설이 이어집니다. 속절없이 눈은 내리고 뒷산에서 굉음이 울립니다. 아름드리 소나무가 눈 무게를 이기지 못하고 쓰러집니다. 이곳에 처음 와서 동네 어르신으로부터 들은 이야기가 생각납니다. 눈이 많이 내리는 날은 소나무 부러지는 소리에 잠을 못 이루며 무서웠다는 말이었습니다. 그저 옛날이야기거니 했던 그 말이 사실입니다. 마당에 눈이 계속 쌓이면 며칠 동안은 고립될 것을 예감합니다. 고립에서 풀릴 때까지 무얼 하며 시간을 보낼까요.

며칠 만에 햇살이 눈부십니다. 뒷산에 부러진 소나무를 찾아갑니다. 땔감으로 사용하려고 톱을 들고 나서는 남편을 따라 바구니를 들고 따라갑니다. 가지치기를 먼저 해 달래서 솔잎과 솔방울을 채취합니다. 고립된 며칠 동안 솔잎차와 솔방울차를 만들기로 합니다.

눈이 많이 와서 불편함도 있지만 덤으로 얻은 것도 있습니다. 솔잎차를 만드니 싱그러운 솔향기가 집안을 푸르게 푸르게 물들입니다.

● 『동의보감』에 의하면 솔잎은 머리털을 나게 하며 오장을 편하게 하고, 곡식대용으로도 쓰입니다. 그래서 탈모 예방과 모발 관리에 도움을 줍니다. 솔잎차를 오래 마시면 몸이 경쾌하고 늙지 않고 특히 중풍, 심장병, 뇌졸중에 좋다고 합니다. 솔잎차는 항균, 항산화작용이 있어 중풍, 위장병, 신경통, 고혈압, 동맥경화, 관절염, 천식, 감기, 통증 치료에 효과가 있습니다.

만드는 법

1. 솔순의 갈색 잎자루를 떼어내고 손질합니다.
2. 깨끗이 씻어 물기를 제거합니다.
3. 찜기에 면 보자기를 깔고 찝니다.
4. 절구를 이용하여 강하게 유념합니다.
5. 가위를 이용하여 1cm 길이로 잘라줍니다.
6. 온도를 올려 장갑을 끼고 덖음과 식힘을 9회 반복합니다.
7. 재워서 잔여수분을 완전히 제거합니다.
8. 뚜껑을 덮어 수분 유무 확인한 후 향매김합니다.
9. 밀폐용기에 담아 그늘에서 보관합니다.

겨울꽃은 없지만
연근차
찻물은 찻잔 모양대로 담기고
연근은 찻물따라 물듭니다.

여름에 연꽃차와 연잎차를 만들고 겨울에 연근차를 만듭니다. 한 몸에 나서 각각 귀한 쓰임새가 있습니다. 연근에 찻물(노랑코스모스, 비트, 아마란스, 쑥꽃, 치자 등)을 이용해 색을 입히고 모양도 내봅니다. 찻물은 찻잔 모양대로 담기고 연근은 찻물 따라 물듭니다. 색을 순하게 받아들이는 연근의 부드러운 유연함이 좋습니다.

겨울에는 꽃은 없지만 각종 약초와 뿌리를 이용해 차를 만듭니다. 해마다 지인이 꽃과 잎과 뿌리를 보내주는 고마운 마음에 꽃차를 만들어 답례하니 뿌듯합니다.

연근蓮根은 연꽃의 뿌리이지만 줄기가 굵어진 것입니다. 식이섬유가 풍부하고 아삭한 식감을 있어 다양하게 요리합니다. 그런데 연근은 식감과 생긴 모양으로 호불호不好가 분명히 구분되는 식재료이기도 합니다.

● 연근은 따뜻한 성질이 있어 수족냉증이 있는 사람에게 도움이 됩니다. 연근차는 지혈, 어혈 제거에 좋습니다. 그래서 각혈, 토혈, 코피, 혈뇨, 혈변, 혈리血痢, 혈붕血崩 치료에 효능이 있습니다. 연잎은 습濕을 수반하는 설사, 현기증, 토혈, 산후 하혈 치료에 효과가 있습니다.

만드는 법

1. 껍질을 벗기고 갈변 방지를 위해 식초 물에 담가 둡니다.
2. 납작하게 5mm 크기로 썰어서 끓는 물에 데쳐 찬물에 헹굽니다.
3. 꽃물을 우린 뒤 연근을 담가 둡니다.
4. 찜기 위에 연근을 펼쳐놓고 건조시킵니다.
5. 온도를 올려 장갑을 끼고 덖음과 식힘을 5회 반복합니다.
6. 재워서 잔여수분을 완전히 제거합니다.
7. 뚜껑을 덮어 수분 유무 확인한 후 향매김합니다.
8. 밀폐용기에 담아 그늘에서 보관합니다.

경고

향만으로도 보양이 되고

유자쌍화차

유자에 약재를 넣고 묶어서 섬세하게 손질하여 꽃단장시킵니다.
예쁜 한방꽃차를 만나러 가는 길은 느리고 더딥니다.

긴 겨울 오지 산골에 필수 약재인 유자쌍화차를 만듭니다. 쌍화雙和라는 이름처럼 유자와 쌍화차의 재료가 만나 잘 어울려서 부족한 기운을 보충해 줍니다. 유자쌍화차는 구증구포九蒸九曝하여 완성까지 품이 많이 들고 시간이 꽤 걸리는 작업입니다. 유자에 약재를 넣고 묶어서 섬세하게 손질하여 꽃단장시킵니다. 예쁜 한방꽃차를 만나러 가는 길은 느리고 더딥니다. 긴 시간에 정성을 들여 만드는 만큼 맛과 약효가 오롯이 담기는 약차가 되길 바래봅니다. 유자쌍화차를 만드니 한약을 조제해 와 집에서 약탕기에 달이고 베 보자기에 꼭 짜내리던 옛 일이 새롭습니다. 한약방처럼 집안에 한약향이 가득합니다. 그 향만으로도 한약탕을 몇 사발 마시고 보양한 기분입니다. 숙성을 위해 벽에 걸어 놓으니 예쁜 장식이 됩니다.

● 『동의보감』에 의하면 쌍화차는 호흡기 질환, 감기 등에 효능이 있으며 머리를 맑게 해줍니다. 유자쌍화차는 피로 해소에 효과가 있어 모든 사람들이 즐겨 찾고 있습니다. 특히 심신이 허하고 피로할 때, 힘든 일한 뒤, 중병을 앓은 뒤, 온몸이 노곤하고 몹시 피로할 때, 어지럽고 가슴이 두근거리며 식은땀이 날 때, 감기에 걸릴 때 마시면 좋습니다.

만드는 법

쌍화탕 재료 및 비율 : 백작약 10g, 숙지황, 황기, 당귀, 천궁 각각 4g, 계피, 감초 각각 3g, 생강 3쪽, 대추 2개

1. 쌍화차 재료를 깨끗하게 씻어 유자 속에 쏙 들어갈 수 있게 자릅니다.
2. 자른 약재를 특성에 맞게 법제하여 준비합니다.
3. 유자는 베이킹소다로 씻어서 윗부분을 잘라 뚜껑을 만들고 속을 파냅니다.
4. 아홉 가지 약재를 비율에 맞게 소분하여 유자 속을 채웁니다.
5. 뚜껑을 덮어 소독한 실로 묶어 찜기에 찝니다.
6. 팬에 유자를 굴려가며 골고루 덖습니다.
7. 아홉 번 찌고 덖는 동안 유자의 색과 크기의 변화를 확인합니다.
8. 유자가 건조되어 크기가 줄어들 때마다 묶은 실을 풀어 모양을 예쁘게 만듭니다.
9. 완성되면 걸이를 만들어 매달아두거나 병에 담아 밀봉합니다.

꽃차의 탄생

1판 1쇄 펴낸날 2019년 10월 10일

지은이 이혜정
펴낸이 이민호
펴낸곳 봄싹
출판등록 제2019-16호
주소 10442 경기도 고양시 일산동구 일산로 142, 427호(백석동, 유니테크빌벤처타운)
전화 02-6264-9669 | **팩스** 0504-342-8061 | **전자우편** book-so@naver.com

ISBN 979-11-965212-4-0 03590

봄싹은 **북치는소년**의 인문교양 브랜드입니다.
옹달에 버티고 선 겨울의 옹어리들 속에서 싹을 틔우겠습니다.